Daniel Goleman

Las 12 competencias de la inteligencia emocional

Building Blocks

Traducción de Alejandra Ramos Aragón

Daniel Goleman / Mette Miriam Boell / Richard Boyatzis / Richard J. Davidson / Vanessa Druskat / Claudio Fernández-Aráoz / Amy Gallo / George Kohlrieser / Matthew Lippincott / Annie McKee / Michele Nevarez / George Pitagorsky / Ann Flanagan Petry / Peter Senge / Matthew Taylor

AF892455

SINE QUA NON

Papel certificado por el Forest Stewardship Council®

MIXTO
Papel | Apoyando la silvicultura responsable
FSC® C117695

Penguin Random House Grupo Editorial

Título original: *Building Blocks of Emotional Intelligence. The 12 Crucial Competencies*

Primera edición: febrero de 2025

© 2017, More Than Sound, LLC DBA Key Step Media. Todos los derechos reservados
© 2025, Penguin Random House, S. A. de C. V.
Blvd. Miguel de Cervantes Saavedra n. 301, piso 1, colonia, Granada,
del. Miguel Hidalgo, CP 11520, Ciudad de México.
© 2025, Penguin Random House Grupo Editorial, S. A. U.,
Travessera de Gràcia, 47-49. 08021 Barcelona
© 2025, Alejandra Ramos Aragón, por la traducción

Penguin Random House Grupo Editorial apoya la protección de la propiedad intelectual. La propiedad intelectual estimula la creatividad, defiende la diversidad en el ámbito de las ideas y el conocimiento, promueve la libre expresión y favorece una cultura viva. Gracias por comprar una edición autorizada de este libro y por respetar las leyes de propiedad intelectual al no reproducir ni distribuir ninguna parte de esta obra por ningún medio sin permiso. Al hacerlo está respaldando a los autores y permitiendo que PRHGE continúe publicando libros para todos los lectores. De conformidad con lo dispuesto en el artículo 67.3 del Real Decreto Ley 24/2021, de 2 de noviembre, PRHGE se reserva expresamente los derechos de reproducción y de uso de esta obra y de todos sus elementos mediante medios de lectura mecánica y otros medios adecuados a tal fin. Diríjase a CEDRO (Centro Español de Derechos Reprográficos, http://www.cedro.org) si necesita reproducir algún fragmento de esta obra.

Printed in Spain – Impreso en España

ISBN: 978-84-666-8072-1
Depósito legal: B-21.205-2024

Compuesto en Llibresimes, S. L.

Black Print CPI Ibérica
Sant Andreu de la Barca (Barcelona)

BS 8 0 7 2 1

Índice

La inteligencia emocional es una manera distinta de ser inteligente, es la clave para tener un alto desempeño en todos los niveles, en especial en el caso del liderazgo sobresaliente. No se refiere a tu cociente intelectual o CI (IQ, por sus siglas en inglés), sino a la manera en que te manejas a ti mismo y tus relaciones.

El Modelo de la Inteligencia Emocional y Social consta de cuatro partes:

1. Autoconciencia
2. Autogestión
3. Conciencia social
4. Manejo de relaciones

Introducción

DANIEL GOLEMAN

¿Quiénes han sido los mejores líderes o directores con los que has trabajado? ¿Qué hicieron o dijeron esas personas para que te encantara trabajar con ellas? Las cualidades en que estás pensando tienen como base la manera en que esos líderes se relacionaron contigo y con otros, es decir, en el reflejo de su inteligencia emocional.

La inteligencia emocional es una manera distinta de ser inteligente, es la clave para tener un alto desempeño en todos los niveles y, en especial, para implementar un liderazgo sobresaliente. No se refiere a tu cociente intelectual o CI (IQ, por sus siglas en inglés), sino a la manera en que te manejas a ti mismo y tus relaciones. Es algo que no se enseña en las escuelas, pero puedes aprenderlo en la vida cotidiana, en casa, en el parque infantil o en la oficina. David McClelland, mi mentor durante mis estudios de licenciatura, planteó una propuesta radical cuando yo estudiaba con él. Escribió un artículo en la revista de psicología más importante del país y en él argumentó que sería mejor contratar a la gente por sus competencias que por su inteligencia.[1] Por lo tanto, sería necesario poner a prueba sus competencias en lugar de su capacidad intelectual.

Un modelo de competencias

Lo que McClelland quiso decir fue que, si quieres identificar a los mejores candidatos para un empleo determinado, no examines la calificación de su cociente intelectual o cuán bien les fue en la escuela, sino que mejor observa a la gente que ya trabaja en la organización y haz una comparación entre el 10% de los empleados con mejor desempeño y quienes realizan ese mismo trabajo, pero de manera mediocre. Debes llevar a cabo un análisis sistemático y determinar cuáles son las habilidades o competencias que poseen los mejores y que no es posible detectar en los empleados promedio.

Esto te dará como resultado lo que se llama «modelo de competencias». En la actualidad, toda organización que cuenta con un departamento de recursos humanos de alto nivel recurre al modelo de competencias para llenar las vacantes de sus puestos clave. Estas empresas aplican el modelo de competencias para contratar gente, otorgar ascensos y ayudar a que quienes ya trabajan en la organización se desarrollen y se conviertan en líderes excepcionales.

¿Qué tipo de competencias?

Hay dos tipos de competencias. El primero es el de las competencias de umbral, es decir, las que todos necesitamos para obtener un empleo. El cociente intelectual es en gran medida una competencia de umbral porque, cuando solicitas un empleo, debes demostrar que tienes la inteligencia necesaria para lidiar con la complejidad cognitiva del puesto que vas a ocupar. Sin embargo, una vez que te contraten, tendrás que trabajar y competir con personas que son igual de inteligentes que tú. Es lo que se llama «efecto suelo» del cociente intelectual, es decir, contar con una habilidad importante, pero de nivel elemental, que todos deben poseer para ocupar el puesto. El segundo tipo es el de las competencias distintivas y es lo que separa, en cualquier empleo, a las personas con desempeño excepcional de quienes tienen un desempeño promedio.

En lo que se refiere a los ascensos, la eficacia de alto nivel, el desempeño estelar o la capacidad de ser un líder excepcional, lo que cuenta son las competencias distintivas. Después de escribir *La Inteligencia emocional*[2] realicé un análisis y les pedí a casi cien organizaciones que me permitieran examinar sus modelos de competencias. Esto es algo inusual, ya que los modelos suelen ser herramientas patentadas, esto es, todas las empresas necesitan saber a quién deberían contratar o ascender de puesto, pero es obvio que no desean compartir con otros la información sobre cómo lo hacen.

Cuando tuve acceso a todos los modelos, los fusioné y analicé la amalgama con una pregunta en mente. De las competencias distintivas elegidas de manera independiente por cada organización, ¿cuántas se basan en el cociente intelectual, es decir, en habilidades meramente cognitivas, como el razonamiento analítico o alguna habilidad técnica, y cuántas se basan en la inteligencia emocional?

¿Por qué la inteligencia emocional es importante?

Los resultados fueron muy reveladores en lo que se refiere a las competencias distintivas. Resulta que para los empleos de todo tipo y a todos los niveles, la inteligencia emocional es, en promedio, dos veces más importante que la habilidad cognitiva, y cuanto más alto llegues en la organización, más relevancia cobra. Para los puestos más altos de liderazgo, muchas organizaciones han determinado que entre el 80% y 90%, a veces incluso el 100% de las competencias que diferencian a sus líderes estrella se basan en la inteligencia emocional.

¿Qué es la inteligencia emocional?

Mi Modelo de la Inteligencia Emocional y Social se divide en cuatro partes:

- Autoconciencia
- Autogestión
- Conciencia social
- Manejo de relaciones

Dentro de cada una de estas cuatro partes o dominios hay competencias aprendidas, las cuales se basan en las competencias subyacentes que hacen que la gente sea excepcional en su lugar de trabajo. Con «competencias aprendidas» me refiero a competencias que pueden desarrollarse. Para comprenderlas, mi colega Richard Boyatzis, de Case Western Reserve University, y yo analizamos toda la serie de competencias que las empresas identificaron en sus líderes excepcionales.

Primero las sintetizamos en doce competencias genéricas que contienen la esencia de las competencias distintivas de los líderes de organizaciones de todo tipo. A partir de esa síntesis, desarrollamos un instrumento de medición exhaustivo de 360 grados llamado Inventario de Competencias Emocionales y Sociales. Al decir que es de 360 grados me refiero a que permite que los líderes se califiquen a sí mismos y elijan a personas en quienes confían y cuya opinión valoran para que también los califiquen. Esto nos da el panorama más amplio posible, ya que combina la autoevaluación con evaluaciones del mismo tipo, pero realizadas por terceros. Este instrumento, también llamado Inventario de Competencias Emocionales y Sociales (ESCI, por sus siglas en inglés) 360, está disponible a través de Korn Ferry Hay Group.[3]

Competencias de la inteligencia emocional

Hay dos series de competencias de la inteligencia emocional. La primera es esencial para ser nuestro propio líder, es decir, para manejarnos a nosotros mismos, e incluye la autoconciencia, o conciencia de uno mismo, y la autogestión. Estas competencias las vemos en colaboradores con desempeño excepcional, como podría ser un ingeniero de software. Son personas cuya excelencia se basa, sobre todo, en su trabajo individual, no en la manera en que se desenvuelven en un equipo. La segunda serie de competencias tiene que ver con nuestras relaciones, nuestra empatía y la conciencia que tenemos de los otros. Son competencias esenciales para el trabajo en grupo, las ventas, la gestión de clientes y, en especial, para el liderazgo.

Las competencias de la autogestión son:

- Conciencia emocional
- Autocontrol emocional
- Actitud positiva
- Orientación hacia el logro o las metas
- Adaptabilidad

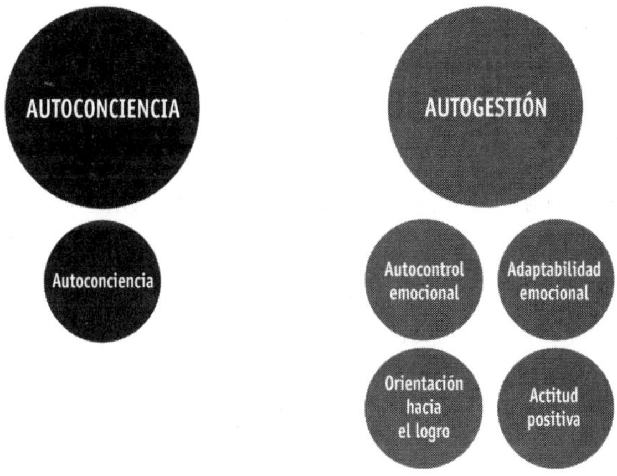

Las competencias del manejo de relaciones son:

- Empatía
- Conciencia organizacional
- Influencia
- Entrenar o ser mentor

- Liderazgo inspirador
- Trabajo en equipo
- Gestión de conflictos

- En la serie *Las 12 competencias de la inteligencia emocional: las 12 competencias esenciales*, mis colegas y yo analizamos cada una de estas competencias. Examinamos cuáles son, por qué son importantes y cómo desarrollarlas.

Inteligencia emocional y desempeño del líder

Los investigadores de Korn Ferry Hay Group[4] analizaron estas doce competencias en cuanto al impacto que tienen en el estilo de un líder, el tipo de atmósfera que producen (positiva o negativa) y el tipo de resultado (alto o bajo rendimiento), y los resultados fueron muy reveladores. Si un líder tiene fortalezas en entre seis y diez de estas competencias del liderazgo con inteligencia emocional y social, él o ella puede generar una atmósfera muy positiva. Los estilos que tienden a producir una atmósfera positiva de trabajo son los del líder visionario, que articula una misión compartida y dirige a largo plazo; del líder participativo, que obtiene opiniones y consenso para generar nuevas ideas y desarrollar el compromiso; del líder entrenador, quien fomenta el desarrollo personal y profesional, y del líder afiliativo, que fomenta la confianza y la armonía. Todos estos estilos de liderazgo tienen como resultado un desempeño excepcional, así como mayor satisfacción y mejor calidad de trabajo por parte de todo el equipo.

Las consecuencias organizacionales pueden ser fuertes. Las competencias de inteligencia emocional del líder estimulan la eficacia de los empleados de diversas formas cruciales: excelencia operacional, lealtad del cliente, desempeño financiero y atracción y retención de talento. Por eso la gente está dispuesta a esforzarse más de lo que parece necesario.[5]

En cambio, si un líder tiene fortalezas en tres o menos de las competencias del liderazgo con inteligencia emocional y social, tiende a recurrir al enfoque directivo o coercitivo, esto es, solo da órdenes y marea a la gente. Esto no funciona a largo plazo porque este tipo de líderes no se involucran con los miembros de su equipo. No proveen dirección a largo plazo, no generan armonía ni escuchan a la gente, tampoco estimulan el surgimiento de nuevas ideas ni invierten en el desarrollo de los miembros de su equipo. Solo les dicen qué hacer.

Si no es así, también pueden convertirse en personas que marcan el paso, que implementan un estilo de liderazgo enfocado de manera exclusiva en cumplir objetivos. Este liderazgo puede dañar la atmósfera de trabajo si el líder ignora todos los estilos positivos. La retroalimentación de estos líderes destaca lo negativo y subestima lo positivo, lo cual genera un clima desagradable y un rendimiento muy mediocre en toda la organización.

La inteligencia emocional y la eficacia del liderazgo

RICHARD BOYATZIS

Hay muchas formas de medir la eficacia del liderazgo. Con frecuencia se trata de medidas abarcadoras que se aplican a todos los niveles gerenciales o a la mayoría de los profesionales. No es algo tan simple como preguntarse: «¿La organización está generando dinero?», ya que eso resulta inadecuado. La eficacia del liderazgo se evalúa con diversas mediciones producidas por toda una serie de interesados durante un periodo. Dicho de otro modo, la eficacia podría incluir a los jefes, colegas y subordinados que consideran que un líder es sobresaliente, y una medición que produzca información a partir de algo como el desempeño comparativo de mercado. Si un líder puede tener buen rendimiento en todas estas mediciones a lo largo de varios años, entonces se considera que es eficaz.

También buscamos el impacto de la persona evaluada en el aumento de la participación. Encuestas recientes indican que el 70% de la gente que trabaja en Estados Unidos no se siente comprometida con su trabajo.[6] Sentirse comprometido o involucrado quiere decir que el trabajo te interesa lo suficiente como para aplicar tu talento. Es decir, ¿te importa tu trabajo? Esta investigación sugiere que a la mayoría de la gente le importa tan poco su trabajo que no aplica en él sus competencias, lo cual provoca una importante crisis de motivación entre los líderes que no logran aprovechar el talento de su equipo. Varios estudios sobre el liderazgo publicados en la literatura académica actual[7] recurren al involucramiento de los subordinados y de otros implicados como indicadores clave para decidir si un líder es eficaz o no.

La ciudadanía organizacional es otra variable que también se usa bastante en la actualidad. ¿El comportamiento del líder inspira a la gente a participar y contribuir al propósito de la organización?

Lo que indican las investigaciones

Uno de mis antiguos estudiantes analizó el caso de los pastores y sacerdotes católicos,[8] de quienes quiso averiguar si mostraban un comportamiento que implicara inteligencia emocional y social, y si sus competencias constituían un indicador de la eventual satisfacción de los feligreses. Y así fue. Para realizar el análisis, el estudiante utilizó el Inventario de Competencias Emocionales y Sociales. Otro estudiante publicó un estudio sobre los líderes médicos[9] para averiguar cuáles eran más eficaces. Resulta que fueron los que, desde la perspectiva de otras personas, hacían más uso de estas competencias. Asimismo, un tercer estudio confirmó que esto también sucedía con los directores de la Tecnología de la Información (TI).[10] En una disertación sobre los líderes de la siguiente generación en negocios familiares, Steve Miller,[11] quien actualmente es profesor de la Universidad de Carolina del Norte, en Chapel Hill, mostró que el hecho de que otros vean a alguien mostrar muchas de estas competencias en el trabajo predice la eficacia del liderazgo.

Dado que la mayoría de la gente en el mundo laboral trabaja para negocios familiares, ser líder en estos entornos resulta un desafío importante. La autoevaluación de estas mismas competencias no predijo la eficacia del liderazgo desde la perspectiva de otros, pero sí la noción personal del líder respecto a su involucramiento y compromiso personal con su trabajo.

La autoevaluación es importante y con mucha frecuencia es la clave para entrenar a alguien. No obstante, lo que los investigadores necesitamos recolectar es la información respecto a cómo te ven actuar otras personas y, de preferencia, de manera exhaustiva, es decir, a 360 grados. Los estudios que acabo de mencionar son solo unos cuantos de los publicados en 2015, pero, desde entonces, cada año se han dado a conocer distintos tipos realizados en torno a los papeles de liderazgo gerencial, profesional y ejecutivo en distintos países. Esto nos lleva a la conclusión de que, cuando los líderes muestran más los comportamientos que hemos denominado competencias de la inteligencia emocional y social, son más eficaces, generan más participación y también estimulan la ciudadanía organizacional.

En un metanálisis reciente realizado por varios de mis colegas se tuvo en cuenta toda la literatura sobre la inteligencia emocional.[12] El análisis reveló que si se reunían todos esos estudios, era posible demostrar de forma estadística que cuando un líder muestra más inteligencia emocional y social, los subordinados sienten una mayor satisfacción en su trabajo. Los metanálisis son estudios muy estrictos porque van más allá de la simple reproducción e implican la combinación de muchos estudios y de lo que indican de manera consistente. Estos metanálisis[13] representan un sólido respaldo, tanto para el concepto de la inteligencia emocional como para la medición del mismo a través de la autoevaluación y las perspectivas de terceros.

Inteligencia emocional: lo que sucede en tu cerebro

Daniel Goleman

La autogestión y tu cerebro

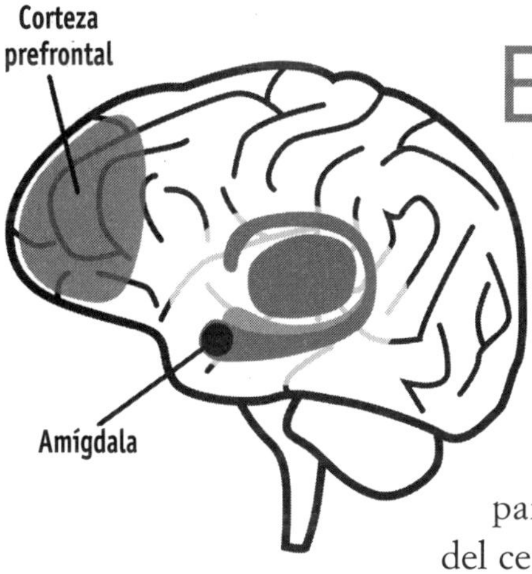

Entender las bases cerebrales de las competencias de la inteligencia emocional y social nos sirve para entendernos mejor a nosotros mismos y para desarrollar nuevas formas de responder. Primero examinaremos las competencias de la autogestión. Aquí participan dos partes esenciales del cerebro. La primera es el centro ejecutivo, es decir, el jefe del cerebro, el lugar donde tomamos decisiones, planeamos, analizamos las cosas y aprendemos. El centro ejecutivo se ubica detrás de la frente, en la corteza prefrontal. En el cerebro tenemos algo que equivaldría a una supercarretera neurológica que corre del centro ejecutivo hacia los centros emocionales —los cuales se encuentran más o menos a medio camino entre nuestras orejas—, en particular hacia la amígdala, que es una especie de radar para identificar amenazas.

La amígdala está escaneando el entorno todo el tiempo para verificar si el entorno es seguro o si hay una amenaza. Si la amígdala considera que una situación es peligrosa, puede piratear o asumir el control de la corteza prefrontal. Esto significa que, durante ese lapso, quien nos indica que no debemos planear ni aprender es la amígdala. En este momento funcionamos a partir de cualquier programa de preservación que la amígdala considere ejecutar.

Esta estrategia nos ha ayudado muchísimo en la supervivencia y la evolución, pero en la vida moderna el mecanismo está mal dirigido. La amígdala percibe amenazas en situaciones que en realidad no ponen nuestra vida en peligro, como cuando un colega critica nuestro trabajo o cuando nos preocupamos porque creemos que hemos cometido un error catastrófico. La respuesta de la amígdala está diseñada para ser instantánea y juzga de forma irreflexiva. Esto es positivo cuando necesitas saltar y apartarte del camino porque un automóvil se aproxima a toda velocidad, pero es inadecuado si solo reaccionas de manera emocional durante una reunión, en lugar de mantener la compostura. A menudo, las reacciones son hábitos que hemos tenido desde la infancia, actitudes por defecto que solo podremos equilibrar a través del desarrollo de la conciencia de nosotros mismos.

Una de las complicaciones más elementales es que la amígdala desarrolla una visión muy vaga de lo que está sucediendo y, además, tiene una regla para decidir: más vale estar a salvo que lamentar las consecuencias. Esto la hace juzgar de forma irreflexiva a partir de información incompleta. Los hábitos o acciones que nos obliga a realizar cuando cree que hay una emergencia son respuestas demasiado aprendidas que, de manera general, adquirimos en la infancia y terminan siendo demasiado inadecuadas. Hay tres señales que nos indican que la amígdala ha realizado una operación de apropiación, secuestro o piratería:

1. Tienes una reacción emocional demasiado fuerte e inadecuada para la situación, es decir, sientes ira o te quedas insensible o aterrado, por ejemplo.
2. La reacción se desencadena muy rápido.
3. Cuando todo se calma y termina, piensas: «Mmm, desearía no haber hecho eso. Desearía no haber dicho eso porque no ha funcionado». Y luego te arrepientes un poco.

Estas son las señales de una apropiación o secuestro por parte de la amígdala. La buena noticia es que cuando empieza a tener un impulso emocional, la amígdala envía la señal a la corteza prefrontal, la cual casi siempre sabe lidiar con el problema. Puede decir algo como: «No tengo por qué enfadarme en este momento. No debo tener miedo. De hecho, podría hacer algo más productivo». La suave interacción de la amígdala y la corteza prefrontal es subyacente a las competencias de autogestión de la inteligencia emocional.

El cerebro social

La segunda serie de competencias tiene que ver con el liderazgo y nuestras relaciones con otras personas. Estas competencias se ubican en una zona llamada «cerebro social» y son circuitos que fueron descubiertos hace relativamente poco. Hasta hace no demasiado, la ciencia ni siquiera sabía que existían.

El primer gran descubrimiento se debió al azar. Fue en un laboratorio en Italia a principios de la década de 1990. Los investigadores estaban estudiando una célula cerebral que levantaba el brazo de un mono.[14] Esta célula solo se activaba cuando sucedía la acción. Un día, el mono estaba parado sin moverse, pero la célula se activó. Los investigadores se quedaron perplejos y se preguntaron: «¿Qué está sucediendo aquí?». Luego descubrieron que el asistente del laboratorio había salido a comprar un helado y ahora se encontraba frente al mono. Cada vez que levantaba el helado para lamerlo, la neurona del mono dedicada a esa misma acción se activaba. A estas células se les llama «neuronas espejo», y resulta que en el cerebro humano hay muchas por todas partes.

Las neuronas espejo son un elemento clave del cerebro social que, por medio de la imitación de la experiencia de otras personas en nuestra propia fisiología, nos dice qué es lo que sucede con ellas. Nos permiten saber lo que los otros sienten, lo que hacen y lo que pretenden, y todo esto nos permite sintonizarnos de forma automática y sentir lo que el otro está sintiendo: entrar en la misma frecuencia durante una interacción, armonizar de forma instantánea y crear un vínculo inconsciente. Gracias a esto, podemos percibir lo que funcionará y lo que no funcionará cuando hablemos y actuemos.

Desde el descubrimiento de las neuronas espejo, los investigadores han encontrado otras series de circuitos del cerebro social que, al actuar en conjunto, producen un intercambio invisible, silencioso e inmediato entre las personas a un nivel emocional: mis sentimientos tienen un efecto en los tuyos y viceversa. Este intercambio sucede entre nosotros sin importar qué es lo que parece que estamos haciendo.

Estos circuitos sociales hacen que las acciones y las palabras de los líderes cobren gran relevancia. En cualquier grupo humano, la gente le presta más atención y le asigna un mayor valor a lo que diga o haga la persona más poderosa. Esto significa que los líderes son los más enérgicos en lo que a esparcir emociones se refiere.[15]

Como el líder transmite emociones, su situación mental y sus estados de ánimo terminan influyendo en el estado de ánimo de los otros, de ahí que la autogestión tenga suma importancia en ellos. Por otra parte hay una relación directa, entre la autogestión y el rendimiento: cuanto mejor sea el estado de ánimo, mejor será el rendimiento.

En estos circuitos hay tres ingredientes para el entendimiento. El primero consiste en prestarse atención absoluta de forma recíproca. El segundo solo lo podrías percibir si vieras un video sin audio de dos personas en pleno proceso de entendimiento. Verías los cuerpos interactuando como si estuvieran orquestados, como si ejecutaran una coreografía. Sus gestos se alinean y, cuando una persona sonríe, la otra también lo hace. El tercero es el sentimiento positivo.

Si cuentas con estos tres ingredientes, se produce la química que permite que trabajes con otros y negocies de la mejor manera, porque te sientes bien y la otra persona también. Cuando esto sucede, las cosas se pueden realizar eficazmente. Es un momento humano, pero la clave radica en prestar atención absoluta. Hay que hacer a un lado las distracciones, ignorar los artefactos electrónicos, dejar de pensar en aquello que te preocupa, como tu lista de tareas pendientes o lo que sea, y solo escuchar y estar presente por completo para la otra persona. Esta situación representa el manejo de las relaciones y el liderazgo en su faceta más eficiente, pero todo comienza con la autoconciencia emocional, es decir, la esencia de la inteligencia emocional.

1

Autoconciencia emocional

Elementos básicos

Introducción

DANIEL GOLEMAN

La autoconciencia emocional es la habilidad de comprender tus propias emociones y el efecto que tienen en tu rendimiento. Tú sabes lo que sientes y por qué, como también sabes de qué manera afecta o le sirve a lo que estás tratando de hacer. Percibes la forma en que los otros te ven y, por lo tanto, alineas la imagen de ti mismo con una realidad más amplia. Tienes una noción precisa de tus fortalezas y limitaciones y eso te permite tener confianza en ti mismo de manera realista. También te da claridad respecto a tus valores y tu noción del propósito y, gracias a eso, puedes ser más decisivo al establecer un modo de actuar. Como líder puedes ser honesto y auténtico y hablar con convicción respecto a tu visión.

Piensa en esto: el director ejecutivo de tecnología de una incubadora de innovación es un bravucón, pero no lo sabe. Es muy bueno en lo que hace, excepto cuando tiene que dirigir gente. Juega a tener favoritos, les dice a los demás qué hacer, no escucha a nadie, a las personas que no le gustan no les permite actuar y no se da cuenta de que es un tipo abusivo. Si lo confrontas respecto a un incidente específico, lo niega y te culpa. O culpa a alguien más, se enfada con esa persona o contigo y te dice que el problema eres tú. Lo último que supe de él fue que estaban a punto de despedirlo.

Lo que a ese director ejecutivo de tecnología le hacía falta era autoconciencia emocional.

Te daré algunas razones por las que la autoconciencia emocional es tan importante. Para empezar, que los empleados vean a sus jefes como bravucones o los consideren individuos arrogantes y necios es una señal de incapacidad. La incapacidad de esos jefes tiene una correlación con resultados financieros indeseables porque son malos para gestionar el talento e inspirar a los otros a hacer su mayor esfuerzo. En resumen, porque son malos líderes de equipo. La investigación realizada por Korn Ferry Hay Group indicó que entre los líderes con múltiples fortalezas de la autoconciencia emocional, un 92% tenía equipos con un alto nivel de energía y alto rendimiento .

En contraste, los líderes con poca autoconciencia emocional generaron una atmósfera negativa el 78% del tiempo. Los grandes líderes con buena autoconciencia emocional crean un clima emocional positivo que estimula la motivación y el esfuerzo adicional.

Las investigaciones de Korn Ferry Hay Group revelan que la autoconciencia emocional, la menos visible de las competencias de la inteligencia emocional, juega un papel sorprendente, ya que es la base de las otras competencias. La gente con una fuerte autoconciencia emocional suele contar con diez o más de las doce competencias. Esto le permite usar de manera frecuente los cuatro estilos de liderazgo positivo, lo cual, a su vez, da como resultado mejores climas laborales para sus equipos. En cambio, quienes tienen poca autoconciencia emocional suelen mostrar fortaleza en solo una o dos de las competencias de la inteligencia emocional, por lo que su liderazgo y el clima laboral se ven afectados.

La autoconciencia emocional no es algo que uno logre en una ocasión y termine ahí. Al contrario, cada momento es una oportunidad más para ser consciente de uno mismo o no. Es un esfuerzo continuo, una elección constante. La buena noticia es que, cuanto más la practiques, más fácil te será hacerlo. Las investigaciones realizadas por mi colega Richard Davidson indican que una forma de volverse más consciente de uno mismo consiste en verificar con tu experiencia sensorial.

La base cerebral y la base corporal de la conciencia de uno mismo

RICHARD J. DAVIDSON

Sabemos que la autoconciencia emocional puede empezar con sensaciones en tu cuerpo o con tus pensamientos. Cuando se activan las emociones, también se presentan cambios corporales; hay muchos cambios en la frecuencia respiratoria, la tensión muscular y el ritmo cardiaco. La autoconciencia emocional es, en parte, la conciencia de nuestro propio cuerpo. Los neurocientíficos le han asignado una etiqueta muy específica a esto: interocepción o sistema interoceptivo. La interocepción es la percepción de las señales internas del cuerpo. Se refiere a la capacidad de percibir nuestro propio ritmo cardiaco, los cambios en el mismo o los cambios en los patrones de tensión muscular.

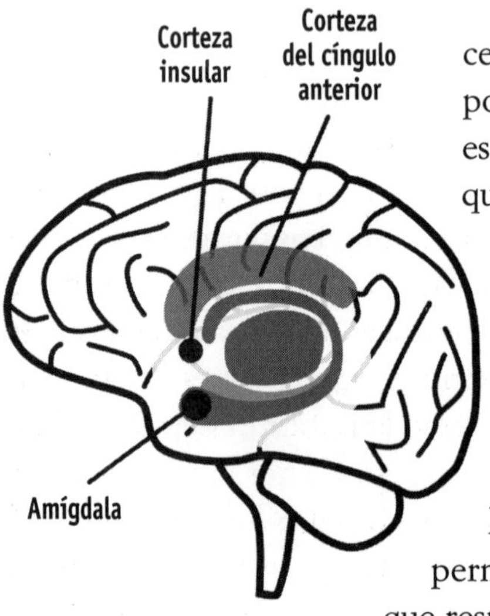

Hay una parte específica del cerebro que juega un papel importante en este sistema porque es la única que, de acuerdo con lo que sabemos hasta ahora, tiene un mapa topográfico de los órganos viscerales del cuerpo. Me refiero a la corteza insular o ínsula. La corteza insular tiene en su superficie un mapa de los distintos órganos viscerales de nuestro cuerpo, lo cual nos permite detectar zonas de células que responden de manera diferenciada al corazón, los pulmones, etc. Este es el camino por el que la información del cuerpo se transmite al resto del cerebro. Por todo esto, la primera base real de la autoconciencia emocional es la interocepción, el conocimiento de lo que sucede en el cuerpo.

Las investigaciones muestran que hay una variación enorme en cuanto a la precisión con que cada persona detecta estas señales. Es posible considerar que la interocepción es una habilidad y, como sucede en la gran mayoría de las competencias, el espectro de los niveles de maestría es amplio. Podemos medirla de manera objetiva usando una serie de tareas de laboratorio que fueron diseñadas para evaluar con cuánta precisión percibes los cambios en los distintos sistemas corporales.

Una gran capacidad para percibir estas señales indica altos niveles de autoconciencia. Cuando la gente hace esto mientras se somete a un escaneo de resonancia magnética, podemos monitorear los cambios en su actividad cerebral, ya que la activación de la corteza insular es muy pronunciada. Al parecer, cada vez que interrogas a los sistemas de tu cuerpo, la corteza insular se involucra. Lo más prometedor de esto es que, si podemos evaluar nuestras competencias actuales en este sentido, también podemos dar ciertos pasos para desarrollarlas más. Esta información podría impulsar nuestra habilidad de tomar decisiones y avanzar de manera beneficiosa para nosotros mismos.

Comunicación de la conciencia a otras partes del cerebro

La corteza insular está conectada con muchas otras áreas del cerebro y es el centro de una red que llamamos «red neuronal de prominencia». La red de prominencia es la manera en que aprendemos las cosas prominentes en nuestros ambientes externo e interno. Podríamos considerarla como la red de lo relevante. Sabemos que algo es relevante cuando nuestras emociones se activan y producen cambios en nuestro cuerpo. Los sucesos internos y externos que desencadenan los cambios corporales suelen ser importantes, es decir, prominentes.

La red neuronal de prominencia tiene como centro la corteza cerebral, pero está conectada a otros dos lugares que también tienen una importancia particular. Uno es la corteza prefrontal y el otro es la corteza del cíngulo anterior. La corteza prefrontal se encuentra justo detrás de la frente, en tanto que la corteza del cíngulo anterior está a la mitad del cerebro y se extiende desde las áreas prefrontales hacia atrás, hasta llegar al centro de la cabeza.

La corteza prefrontal es lo que nos ayuda a guiar y planear nuestro comportamiento, nuestras acciones. Por eso, una vez que catalogamos algo como importante, lo siguiente es preguntarse qué haremos al respecto. Esta etapa se representa, al menos en parte, en la corteza prefrontal. Esta corteza se involucra para planear cómo actuaremos ante el suceso prominente con el que estamos lidiando. La corteza del cíngulo anterior se involucra en lo que pensamos como una suerte de monitoreo del conflicto. Cuando digo monitoreo del conflicto me refiero a que, cuando hay una competencia entre las alternativas en cuanto a cómo responder o actuar, la corteza del cíngulo anterior se involucra.

Por ejemplo, si tu corteza insular se irrita porque alguien te está tratando de manera inadecuada, tendrás la opción de hacer algo que podría considerarse grosero o algo que sería considerado como eficaz. Este es el tipo de conflicto al que me refiero. Tal vez haya ciertas restricciones en la situación social respecto a lo que sería el comportamiento adecuado. Si el individuo es tu jefe o jefa, esto produciría un conflicto, pero, por otra parte, tal vez quieras atacar y responder de forma agresiva porque estás enojado. El contexto social, sin embargo, dicta ciertas reglas. Cuando este tipo de conflicto se presenta, la corteza del cíngulo anterior se activa y le dice al cerebro que hay un conflicto entre las alternativas. Hay una variedad de alternativas para actuar, las cuales deberán ser adjudicadas de alguna manera. En ese momento se recluta a otras áreas del cerebro para resolver el problema, entre ellas la corteza prefrontal. Esto podría implicar permanecer en calma durante una situación que desencadena emociones, y luego encontrar la forma adecuada de discutir tus preocupaciones con tu jefe o jefa.

¿Cómo sabemos si tenemos conciencia de nosotros mismos?

DANIEL GOLEMAN

¿Cómo sabemos si tenemos un alto nivel de autoconciencia emocional? El misterio inherente a la conciencia de uno mismo es que, cuando no tenemos autoconciencia, no lo sabemos. Debido a esto, aunque parezca ilógico, podríamos llegar a un entendimiento de nuestra autoconciencia gracias a la retroalimentación con otras personas. Uno de los mejores indicadores de la autoconciencia emocional es el tamaño de la brecha entre tus calificaciones en una evaluación de 360 grados, como el Inventario de Competencias Emocionales y Sociales (ESCI, por sus siglas en inglés), y las calificaciones que otros te dan. Si al calificarte indicas tener un alto nivel de autoconciencia emocional, pero la gente con la que trabajas dice que careces de ella, entonces hay una brecha muy amplia entre tu percepción y la de los demás. Si tu calificación es igual a la que otros te otorgan, la brecha es pequeña.

¿Por qué es esto importante? Según un estudio, los líderes de organizaciones de salud que tenían brechas más estrechas entre sus autoevaluaciones y las evaluaciones de otros mostraron un mejor desempeño financiero en el curso de ocho años. Asimismo, en investigaciones realizadas en la Universidad de Cornell, una calificación elevada en la autoconciencia emocional fue el indicador más claro del éxito en general.

La relación entre conocer tu estado interno y la manera en que te comportas es parte esencial del Modelo de Competencias de Liderazgo de Inteligencia Emocional y Social. La autoconciencia emocional es la clave para conocer el camino más eficaz para nosotros mismos, así como la base de la eficacia con otros.

Las evaluaciones exhaustivas como el ESCI funcionan bien porque, además de que quien será calificado elige al que hará las evaluaciones, a ellas se suma la retroalimentación que de forma anónima se da con las otras personas, por lo que quienes califican se sienten cómodos y pueden ser honestos. Esto también lo puedes hacer de manera informal y sin utilizar un instrumento de 360 grados. Puedes, por ejemplo, contactar con algunas de las personas con quienes más interactúas y preguntarles acerca de cuáles creen que son tus fortalezas y debilidades. Lo ideal sería que recibieras las respuestas anónimamente.

En ambos casos deberás estar preparado para aceptar las respuestas con apertura y sentirte motivado a actuar y abordar cualquier limitación que creas que podría afectar a tu rendimiento. También puedes establecer una rutina nocturna en la que hagas una revisión de tu día y reflexiones sobre tus reacciones y tu comportamiento. ¿Has perdido los estribos? ¿Dijiste algo de lo que ahora te arrepientes? ¿O tus acciones han sido educadas y apropiadas? Estos ejercicios son parte del proceso para desarrollar la autoconciencia emocional.

La autoconciencia en acción

RICHARD BOYATZIS

Cada una de las competencias consta de dos partes. La primera es la intención subyacente. Desde la perspectiva neurológica, ¿qué sucede en el corazón y la mente de una persona en solo un segundo? Luego viene la parte que llamamos «indicadores comportamentales». ¿Cómo detectarlos si alguien los muestra en casa o en el lugar de trabajo?

La autoconciencia emocional empieza con la intención de saber lo que sientes en tu interior, de reconocer lo que está sucediendo. Si no sabes lo que pasa dentro de ti, ¿cómo saber de qué forma afectas a otras personas? ¿Cómo manejar la situación?

Los comportamientos relacionados con la autoconciencia emocional son muy interesantes porque todos necesitamos analizar la manera en que los otros nos perciben. Una persona podría empezar a hablar todo el tiempo y sin problema sobre cómo se siente y los demás considerarían que es tan irritante o narcisista que ni siquiera nota a quienes la rodean.

Piensa, por ejemplo, en alguien que, a pesar de que sabe que está a punto de entrar a una reunión, acaba de tener una llamada telefónica en la que ha discutido con su pareja sobre un problema con un miembro de la familia que lo irrita. Contar con más autoconciencia emocional permite que la persona sea capaz de darse cuenta de lo que le molesta y haga algo al respecto antes de entrar a la reunión. De otra manera, participará en esta sin haberse deshecho de esa carga y, por lo tanto, actuará de modo inadecuado.

Cultivar la autoconciencia

George Kohlrieser

La autoconciencia o conciencia de uno mismo es el punto de entrada a un liderazgo eficaz. Solo entendiéndonos a nosotros mismos podemos comprender qué tipo de impacto tenemos en otros.

Algunas personas cuentan con la inteligencia emocional de un mosquito y no tienen idea del impacto negativo de sus acciones. La mayor barrera al tratar de producir inteligencia emocional son los puntos ciegos que la gente tiene de sí misma o de la organización. Estas personas quizá están atrapadas en lo que se conoce como *groupthink*, es decir, el pensamiento grupal, o tal vez no se dan cuenta de lo que necesita suceder en el entorno o incluso con ellas mismas. La gente que más necesita cambiar, los líderes que más necesitan trabajar son los que tienen una brecha más grande entre la forma en que ellos mismos se evalúan y la forma en que los otros los perciben. ¿Cómo puede cambiar una persona si ni siquiera sabe qué áreas necesita mejorar? Una de las competencias de un buen entrenador o jefe es saber ayudar a la gente a confrontar el hecho de que tiene puntos ciegos que necesita modificar.

Pero ¿cómo cambiar una vez que cobras conciencia de tus puntos débiles? Los programas de desarrollo personal pueden ayudar a cobrar conciencia de por qué algo es importante. Asimismo, una de las mejores maneras de intervenir en los cambios neuronales asociados con el liderazgo de alto rendimiento consiste en conseguir un entrenador o *coach*. En nuestro programa de liderazgo de alto rendimiento vemos cambios dramáticos porque a la gente se le pide que cobre conciencia y luego participa en un grupo de entrenamiento donde recibe retroalimentación. ¿Qué te parecería si, después de cinco días de trabajar con un grupo, pudieran surgir las siguientes preguntas?: «¿Te gustaría que yo fuera tu jefe?», «¿Por qué sí o por qué no?», «¿Te gustaría que fuera tu colega?», «¿Por qué sí o por qué no?», «¿Te gustaría que fuera miembro de tu equipo?, ¿por qué?». Después de estos ejercicios he visto a hombres salir llorando y diciendo: «Ahora sé por qué me odian mis empleados. A pesar de que yo casi no conocía a la gente aquí, varios han notado en mí comportamientos de los que yo no era consciente».

Creo que algunas de las herramientas clave para cultivar la autoconciencia son la reflexión sobre uno mismo y la capacidad de cuestionarse. ¿Qué podría yo hacer de manera distinta?, ¿qué está dando resultado y qué no? El último paso es recibir la retroalimentación de los demás. ¿Cómo puedes obtener retroalimentación respecto al impacto que estás teniendo?, ¿qué sucede?, ¿por qué evitas el contacto visual? Este es el tipo de retroalimentación crucial que un entrenador, mentor o colega que te apoye podría ofrecerte para un desempeño de alto nivel. Tal vez estás usando demasiadas palabras cuando hablas o eres tan inseguro que te da miedo expresarte. Si alguien te da ese tipo de retroalimentación, puedes identificar el problema y empezar a trabajar para realizar un cambio.

El equivalente grupal de la autoconciencia

Vanessa Druskat

Los equipos de alto desempeño tienen un equivalente grupal de la autoconciencia emocional. Lo que hemos descubierto en los mejores equipos es que, de manera periódica, retroceden y reflexionan sobre sus procesos. Se dan cuenta, por ejemplo, de que el equipo perfecto y libre de conflictos no existe. Smith y Berg, quienes escribieron *Paradoxes of Group Life*, el libro de mayor venta sobre dinámicas grupales de todos los tiempos, dijeron que si piensas que los equipos no deberían tener conflictos, en realidad no comprendes lo que significa trabajar de manera colectiva. Siempre habrá conflictos por el simple hecho de que las ideas de la gente chocan entre sí.

Hemos descubierto que los mejores equipos se toman tiempo de forma regular para preguntarse: «¿Cómo nos está yendo? ¿Somos demasiado amables? ¿Discutimos demasiado? ¿La gente está recibiendo apoyo? ¿En qué necesitamos trabajar?». Es necesario reunirse, reflexionar sobre cómo nos está yendo, cuál es nuestro proceso y, quizá, cuáles son las normas. Este tipo de autoconciencia grupal marca la diferencia clave entre los equipos de alto desempeño y aquellos que solo tienen un desempeño ordinario.

Eficacia del equipo

Hemos descubierto que los equipos de alto desempeño tienen un equivalente grupal de la autoconciencia emocional. Nuestras investigaciones muestran que los equipos eficientes se toman tiempo para reunir información sobre qué tan bien se están desempeñando y para discutir su *statu quo*. Estas discusiones cubren tanto los problemas de desempeño como los de procesos, incluyendo la evaluación de sus fortalezas, debilidades, rutinas y hábitos. Los equipos hacen esto de forma regular y, por lo tanto, decimos que es una norma de la autoevaluación grupal.

Para los equipos y los líderes es estresante implementar y hacer cumplir esta norma: los miembros del equipo se arriesgan al hablar de ciertos problemas, en especial si se trata de equipos cohesivos en los que nadie quiere dañar las relaciones o causar problemas que puedan destruirlas. El fallecido Chris Argyris, de la Universidad de Harvard, pasó décadas discutiendo la importancia de la evaluación crítica en los grupos. Argyris argumentaba que la mayoría de los miembros de un grupo prefiere ignorar los problemas o atribuirlos a fuentes externas sobre las que nadie tiene suficiente control.

Si no hay una norma implementada que fomente y estimule la autoevaluación del equipo, y si nadie la hace cumplir, los miembros del equipo pueden permitir que se interpongan el camino de menor resistencia y la presión de los compañeros, la cual suele ser intensa en los equipos. Los integrantes podrían, por ejemplo, decirse a sí mismos que, como nadie lo ha mencionado, tal vez ni siquiera exista un problema específico. Los equipos de alto desempeño forjan una cultura que ayuda a combatir estas dificultades.

Naturalmente, estos equipos también usan su nivel de autoconciencia grupal para continuar aprendiendo y mejorando de forma colectiva, pero todo empieza con la evaluación y la autoconciencia del equipo.

Mis colegas y yo creemos que la autoconciencia del equipo es tan fundamental para el desarrollo, que la hemos incluido en nuestra definición de «equipos de alto desempeño». En ella hay dos indicadores del alto desempeño. El primero se presenta cuando los integrantes proponen sus mejores ideas, información, esfuerzo y competencias de escucha, y las integran con las de los otros para generar un producto, servicio o decisión de alta calidad. El segundo indicador es cuando la reflexión y la autoconciencia del equipo sirven para promover el aprendizaje, la mejora y la resiliencia de manera continua. En nuestra opinión, no puedes tener un equipo de alto desempeño durante mucho tiempo a menos que establezcas una norma.

¿De qué manera la autoconciencia del líder ayuda a fomentar la autoconciencia del equipo?

Los líderes de los equipos juegan un papel esencial en las normas del mismo. No resulta sorprendente que nuestras investigaciones hayan mostrado que la inteligencia emocional general del líder se relaciona de forma significativa con el hecho de que un equipo sea capaz de establecer y desarrollar normas de la misma inteligencia emocional.

Desde la perspectiva emocional, formar un equipo consciente de sí mismo no es fácil para el líder y, sin duda, tampoco sucede por accidente. A la mayoría de los líderes les resulta estresante dirigir discusiones de autoevaluación con sus equipos. Una de las razones por las que esto sucede es porque la evaluación se siente como algo personal, como si el líder tuviera la culpa de las debilidades del equipo. Otra razón es la amenaza de que durante la discusión surja un conflicto interpersonal. Es menos amenazante mantener al equipo concentrado de manera estricta en las tareas y luego usar esa concentración extrema como justificación para evitar la toma de decisiones difíciles que, a su vez, podrían provocar tensión interpersonal.

Una tercera razón para evitar las discusiones de autoevaluación grupales es que tratar de identificar problemas implica, naturalmente, que el líder luego asignará cierto tiempo a ayudar al equipo a mejorar. Muchos líderes sienten que no saben cómo «reparar» lo que no funciona, en especial si perciben que las dificultades están vinculadas a rasgos de personalidad.

La palanca clave para superar estos temores es la autoconciencia emocional del líder. Las investigaciones en las que examinamos la relación entre las competencias emocionales y sociales del líder y el desarrollo de la norma de autoevaluación del equipo revelaron que los líderes que prestaban una gran cantidad de atención a los detalles y necesitaban control no solían establecer una norma de autoevaluación grupal. Las discusiones de autoevaluación en los equipos exigen que el líder tenga autoconciencia de la incomodidad por encima de las discusiones de evaluación y que tenga el valor necesario para adentrarse en territorios desconocidos.

Por último, me gustaría mencionar que, de acuerdo con las investigaciones, los equipos que invierten tiempo en reflexionar sobre su proceso no solo tienen un mejor desempeño, también son más innovadores porque terminan aprovechando más la diversidad de sus integrantes y las ideas originales o discordantes que conducen a la innovación.

Conclusión

Daniel Goleman

La autoconciencia emocional es un componente indispensable del liderazgo eficaz y de los equipos de alto nivel de funcionamiento. Eso no significa que sea fácil de fomentar, ya que se trata de un proceso que implica ir forjando la habilidad de manera gradual. El primer paso consiste en realizar una autoevaluación precisa, pero incluso después de eso hay varios obstáculos que podrían presentarse. Uno de los riesgos para los ejecutivos de alto nivel es que reciben poca retroalimentación honesta respecto a cuán bien están trabajando y actuando. Si no cuentas con líneas abiertas para la retroalimentación, tu autoconciencia podría verse afectada. De acuerdo con las investigaciones, los líderes de alto nivel que se otorgan calificaciones infladas a sí mismos, en comparación con las calificaciones que les dan los otros, tienen un bajo desempeño.

Las investigaciones de Korn Ferry Hay Group muestran que la gente con un alto nivel de autoconciencia emocional tiene fortalezas en muchas otras competencias de la inteligencia emocional. Si alguien tiene baja autoconciencia emocional, la probabilidad de que muestre fortaleza en otras áreas es baja. Si no ves lo que necesitas para generar fortaleza, no puedes mejorar en esa área.

La autoconciencia emocional es la esencia de la inteligencia emocional. Te daré un ejemplo de alguien con una excelente autoconciencia emocional. Se trata de una enfermera con treinta años de experiencia. Es jefa de unidad en un hospital. Antes de entrar a la habitación de un paciente se toma un momento para sintonizar sus propios sentimientos y se recuerda a sí misma que debe prestarle atención a la persona que está dentro. Es un acto modesto y no toma mucho tiempo, pero supone una gran diferencia en su desempeño. Tomarse esos segundos le permite volver a enfocarse y asegurarse de que ya no está experimentando los sentimientos que tuvo con el último paciente al que visitó, los cuales podrían sesgar su interacción con el siguiente. La enfermera les enseña su técnica a las otras enfermeras de su unidad y, gracias a eso, ellas reciben cada año las calificaciones de satisfacción más elevadas.

Cuanto más te des cuenta de que la autoconciencia emocional es importante y des los pasos necesarios para cultivar esta habilidad de la inteligencia emocional, más positivo será el impacto en todas las áreas de tu vida. Pero eso no es todo: la autoconciencia emocional tiene un efecto compuesto como cimiento para la construcción de todas las competencias de la inteligencia emocional. Esto quiere decir que competencias que parecerían no tener relación, como el autocontrol emocional, la adaptabilidad, la empatía y la gestión de conflictos, se construyen sobre la base de la autoconciencia emocional. Vamos a verlo con más detalle.

2

AUTOCONTROL EMOCIONAL

Elementos básicos

Introducción

Daniel Goleman

El autocontrol emocional es la habilidad de mantener bajo control nuestros impulsos y las emociones que nos perturban, así como de conservar nuestra eficacia bajo condiciones estresantes o incluso hostiles. Esto no significa que debas reprimir tus emociones, sino más bien que no permitas que las más turbulentas te arrastren o abrumen. Por supuesto, las emociones positivas enriquecen la vida y participan en las competencias de actitud positiva y orientación hacia el logro. Si cuentas con autocontrol emocional, puedes manejar tus impulsos perturbadores y las emociones que podrían desestabilizarte, así como conservar la calma y la lucidez.

El director de marketing de una empresa internacional de alimentos siempre trataba de encontrar mejores maneras de hacer las cosas, pero no se interesaba en la gente de la que dependía para tener el éxito que buscaba. Cada vez que alguien no estaba a la altura de sus estándares, se ensañaba con esa persona; si alguien no estaba de acuerdo con él, le daba una rabieta y gritaba. La gente que le reportaba de directamente se quejaba a sus espaldas y decía que era un jefe terrible.

A ese ejecutivo le hacía falta autocontrol emocional.

Las ciencias cognitivas[1] nos dicen que cuanto más te molestas, menos te puedes enfocar en lo importante, comprender a fondo o responder con rapidez. Cuando tus emociones «te secuestran», sabotean tu habilidad de tomar buenas decisiones o reaccionar con ingenio. Otras investigaciones indican que las emociones se esparcen desde el líder de un grupo hacia afuera, es decir, hacia los integrantes del mismo. Investigaciones realizadas en la Yale School of Management[2] muestran que, si el líder del grupo se encuentra de buen humor, los integrantes se contagian y tienen un mejor desempeño sin importar en qué estén trabajando. Si el líder está de muy mal humor y se comporta de forma desagradable, el ánimo de los integrantes decae y el desempeño se desploma.

Investigadores australianos[3] descubrieron que los líderes que manejan bien sus emociones producen mejores resultados de negocios, y yo creo que esto se verifica en todo el mundo. Que un jefe estalle y se desquite con un empleado ¿importa? Por supuesto que sí. Investigaciones adicionales[4] muestran que los empleados recuerdan los desencuentros con sus jefes de una manera muy vívida. De hecho, los recuerdan mucho mejor de lo que recuerdan las interacciones positivas. Los empleados dijeron que, después de un desencuentro, se sintieron desmoralizados y desearon no tener que volver a interactuar con el jefe en cuestión.

El autocontrol emocional no solo es importante para mantener al líder tranquilo y menos estresado, sino que tiene un impacto esencial en las emociones de todas las personas con que el líder interactúa y, de manera general, con la productividad de la organización. En este caso, las ganancias podrían ponerse en riesgo.

La investigación de mi colega y amigo Richard Davidson nos permite ver lo que sucede en nuestro cerebro y en nuestro cuerpo cuando sentimos pánico o cuando nuestras emociones están en equilibrio.

Emociones, cerebro y cuerpo

RICHARD J. DAVIDSON

Los investigadores se interesan cada vez más en la neurociencia de la emoción[5] y en la forma en que se regulan las emociones. La emoción puede entenderse como el proceso mental que provee de valor a la información, es decir, que la tiñe de cualidades positivas, negativas o neutrales. De manera general, solemos hacer una distinción importante entre la reactividad y la regulación emocional. Los circuitos neuronales relevantes para la reactividad emocional no son los mismos que son relevantes para la regulación de la emoción. Hay un cierto grado de superposición, pero son circuitos distintos que se relacionan con el hecho de tener una emoción y con la decisión de qué hacer con ella.

Asimismo, hay maneras de regular la emoción implícita y explícita. Con esto quiero decir que hay algunas formas que son automáticas, que suceden sin que seamos conscientes de ello. Estas formas implícitas entran en juego cuando una emoción se activa. Por ejemplo, hay mecanismos automáticos que sirven para modular el miedo en cuanto este surge y que podrían facilitar su decremento. Hay otros medios más explícitos y voluntarios para regular la emoción que requieren de un mayor esfuerzo en las primeras etapas. En el caso del miedo, esto podría implicar esforzarse en aplicar una estrategia para reconsiderar el suceso como algo que tal vez no será tan aterrador. Digamos, por ejemplo, que si una persona sintiera miedo al caminar por una calle oscura, la regulación explícita de la emoción podría hacerle pensar en el hecho de que el vecindario es seguro y, a pesar de que no esté iluminado, es muy poco probable que algo malo suceda. Estas son todas las cosas que entran en juego cuando ocurre una emoción.

Hay un regulador de la emoción, que se ha estudiado y que tiene forma implícita, llamado «recuperación».[6] Se trata de la rapidez con que volvemos a la base, al nivel en que se encontraba la emoción antes de que te sintieras perturbado.

Algunas personas vuelven muy lento al lugar donde estaban y otras se recuperan mucho más rápido. Esta diferencia es importante porque la recuperación lenta a partir de una emoción inquietante se relaciona con la ansiedad, la cavilación y un bienestar precario. Cuando las emociones negativas persisten y perseveran, significa que, en parte, la recuperación ha fracasado. La buena noticia es que hay cosas que podemos hacer para ayudarnos a facilitar la recuperación. Al principio, cuando estas estrategias se ponen en marcha, el proceso puede ser explícito y voluntario, pero después de un tiempo se vuelve más automático e implícito y las estrategias se convierten en un hábito y ocurren de forma instantánea. La etapa más desafiante suele ser en la que damos inicio al esfuerzo del autocontrol emocional y hacemos algo que nos resulta inusual e incómodo al principio. Sin embargo, con el paso del tiempo podemos desarrollar nuevos circuitos neuronales y el equilibrio emocional se vuelve un mecanismo por defecto que se activa para ayudarnos a lidiar con situaciones que desencadenan una reacción.

El autocontrol emocional en los equipos

VANESSA DRUSKAT

Autocontrol a nivel grupal

En nuestra investigación sobre la inteligencia emocional de los equipos, mis colegas y yo identificamos una serie de normas del comportamiento (rutinas, hábitos) que promueven la colaboración en los equipos y el desempeño a los más altos niveles. Las hemos llamado Normas de los Equipos con Inteligencia Emocional o Normas de los Equipos IE debido a que conducen al desarrollo de un ambiente altamente productivo en lo social y emocional.

Pocos saben que la emoción está tan estrechamente vinculada con el trabajo grupal que los investigadores suelen llamar a los equipos «incubadoras emocionales».[7] Las emociones inundan a los equipos debido a las fuertes necesidades sociales y emocionales que surgen en nuestro interior cada vez que ingresamos a un grupo. Entre estas necesidades esenciales se encuentran la inclusión, el control y el entendimiento, que, en la actualidad, son considerados los principales detonadores de la emoción en los seres humanos.[8] Cuando estas necesidades se ven satisfechas, nos sentimos bien respecto a nosotros mismos y a nuestro equipo. Este sentimiento estimula la emoción positiva y aviva las acciones y las interacciones prosociales. En cambio, cuando nuestras necesidades sociales esenciales son ignoradas, nos sentimos angustiados e incluso amenazados, lo cual da paso a acciones e interacciones indiferentes y narcisistas.

Una de las maneras más eficaces de lidiar con la emoción en los equipos radica en satisfacer las necesidades sociales de los integrantes. Esto genera un ambiente social y emocional productivo que incluye seguridad psicológica y eficacia para todos los integrantes. Los equipos de más alto desempeño que hemos estudiado cubren las necesidades sociales de sus integrantes a través de normas que sirven para forjar al equipo, como las que denominamos entendimiento interpersonal, comportamiento de preocupación por los otros y autoevaluación de equipo. Estas normas garantizan que los integrantes se sientan comprendidos y valorados, además de que también les ofrecen una sensación de control sobre su entorno.

Las Normas de los Equipos con IE ayudan al grupo a manejar la emoción y convertirla en un activo que fomente el compromiso de apoyo, la colaboración y el alto desempeño, en lugar de uno pasivo que genere desvinculación, indiferencia, potencial desperdiciado y, en consecuencia, una espiral en caída.

Los líderes y el autocontrol emocional de los equipos

Hemos realizado una serie de estudios que muestran que los líderes con altos niveles de inteligencia emocional individual son más propensos a ayudar a diseñar y a apoyar las Normas de los Equipos con IE. De acuerdo con nuestros hallazgos, resulta interesante destacar que la inteligencia emocional individual de los líderes y de cada uno de los integrantes del equipo por sí misma no genera necesariamente un alto desempeño colectivo, pero conduce al desarrollo de Normas de los Equipos con IE que sí lo hacen.

Un líder con un nivel elevado de autocontrol emocional puede dominar sus emociones para interactuar con sus equipos de manera tranquila y equilibrada. En esencia, son más propensos a involucrarse con la gente de una forma positiva y a propiciar un ambiente que permita a todos sentirse serenos y capaces de enfocarse en la tarea que tienen frente a sí. Por esta razón, las normas del equipo fomentan la inclusión, el entendimiento y la colaboración, y permiten a todos contribuir con sus mejores ideas y su máximo esfuerzo.

Si un líder no tiene autocontrol emocional, el impacto en el equipo es, al contrario, muy negativo. Si los líderes no logran contener su estrés o sus emociones, pueden transmitir a los integrantes del equipo su tensión y su malhumor. Esto tiene un efecto de amplificación en el equipo y reduce la calidad de las interacciones de los integrantes, así como la eficiencia del equipo.

Mis colegas y yo realizamos un estudio[9] con líderes emergentes en equipos de estudiantes de maestría en Administración de Empresas. La edad promedio de los líderes era veintisiete años y todos habían trabajado en equipos intactos en todas sus clases a lo largo del primer año del programa de maestría. Evaluamos las competencias individuales de la inteligencia emocional de estos líderes emergentes y tratamos de identificar cuáles de sus competencias habían influido en el desarrollo de Normas de los Equipos con IE. Una de las normas fomenta la disposición de los integrantes a hablar del comportamiento contraproducente de sus compañeros. Durante el estudio descubrimos que cuando hay líderes emergentes con un alto nivel de autocontrol emocional, los integrantes de los equipos son más propensos a apoyarse entre sí para cumplir, por medio de la práctica, una norma que hemos denominado «Señalamiento de comportamiento contraproducente». Esto resulta lógico porque, cuando los líderes dominan sus emociones, les es más fácil ofrecer retroalimentación de una manera controlada que resulta cómoda para la otra persona y tiene un impacto en ella. Los líderes que aplican esta competencia sirven de modelo a otros integrantes del equipo y les muestran cómo involucrarse de modo eficiente en un comportamiento que puede significar una diferencia en cuanto al desempeño colectivo. El resultado es un equipo resiliente y honesto, con buena disposición y capaz de corregir el curso para llegar a las mejores soluciones posibles. Esto, a su vez, fomenta la seguridad psicológica y la eficacia colectiva.

Autocontrol emocional: cómo se ve y cómo desarrollarlo

RICHARD BOYATZIS

Cada una de las competencias de la inteligencia emocional tiene una intención subyacente, así como comportamientos que nos indican el momento en que se presenta. A un nivel muy elemental, el autocontrol emocional tiene la intención subyacente de controlar impulsos y sentimientos para el bien del grupo o de la tarea, misión o visión. Es por esto por lo que es una competencia fundamental para ayudarle a alguien a prepararse para lidiar con otras personas.

Roy Baumeister, colega nuestro, ha investigado extensamente el autocontrol emocional y sostiene que es más importante que la autoestima, o que casi cualquier otra característica individual, porque tiene que ver con cuán bien alguien puede sociabilizar con otras personas.[10] Este es el comportamiento que destaca: ¿la persona puede mantenerse en calma bajo estrés?, ¿es capaz de lidiar con alguien que le está gritando sin gritarle de vuelta de forma automática?

La pregunta que se vuelve a presentar es: ¿La persona puede ejercer el autocontrol sobre sus propias emociones por el bien de una preocupación más abarcadora como, digamos, la familia, el grupo o la misión?

El viejo adagio que dice: «Si te empiezas a enfadar, cuenta hasta diez», es una manera muy cruda de practicar el autocontrol emocional. De forma similar, la gente suele decir que si estás escribiendo un correo electrónico como respuesta a algo que te ha incomodado o te ha hecho enfadar, debes escribirlo, guardarlo y verlo al día siguiente con la mirada fresca antes de enviarlo. Esto impide que transmitas algo que en el mundo digital se conoce como «mensaje hostil».

Para desarrollar el autocontrol emocional hacen falta dos ingredientes: *autoconciencia* y *enfoque de la atención*. La autoconciencia nos permite ver cuando estamos a punto de descarrilar. Aprendemos a percibir nuestras señales corporales, que también actúan como indicadores cuando algo sale mal en el aspecto emocional. Necesitamos enfoque de la atención para recordar que debemos ser autoconscientes y ejercitar el autocontrol. La meditación con enfoque nos ayuda a desarrollar el músculo del autocontrol.

El autocontrol emocional es, en esencia, gestión de los impulsos. Y, por lo tanto, cualquier cosa que te ayude a reconocer que estás a punto de manifestar un impulso y que luego redirija tu energía, te será útil. Una de las maneras más eficaces de generar autocontrol emocional es asistir a eventos donde tengas que demostrar que lo tienes y permanecer en silencio. Como en una iglesia, un templo o una mezquita. Esto te ayuda a aprender la habilidad básica de no expresarte en situaciones en las que no resulta apropiado hacerlo. Otra cosa que te puede motivar a aprender autocontrol emocional es darte cuenta de que, una vez que dices algo, no puedes retractarte y habrá consecuencias.

Es importante advertir algo sobre el desarrollo de cualquiera de las competencias: como se trata de tu comportamiento, tienes que verificar con otras personas si de verdad estás aplicando dichas competencias. Llevo 38 años casado y muy a menudo, en entornos sociales, durante conversaciones, he expresado que, en general, soy una persona bastante flexible. Y cada vez que lo digo, mi esposa se ríe.

Lo veo como un humilde recordatorio de que no solo podemos pensar sobre lo que practicamos para nosotros mismos porque, si lo hacemos, podemos llegar a convertirnos en leyendas en nuestra propia mente. Es necesario que anclemos nuestro comportamiento en el exterior o que tratemos de obtener retroalimentación de otras personas.

Mantenerse en calma durante una crisis

George Kohlrieser

Realizamos una investigación[11] con más de mil ejecutivos de todo el mundo, la cual incluyó a directores ejecutivos, miembros de consejos directivos y líderes de alto nivel, entre otros. El objetivo fue averiguar de qué manera eran una base segura[12] para alguien más, si ellos tenían una base segura y cuáles eran las características de dichas relaciones. Les preguntamos quién era el mejor jefe que habían tenido en su vida y qué cualidades veían en ese líder. Lo que más se mencionó fue la habilidad de permanecer en calma y tranquilo, en no sucumbir ante lo que llamamos «un secuestro de la amígdala». Esto significa que, en una crisis, dichos líderes pudieron manejar sus propias emociones, mantenerse en calma y generar una isla de seguridad sin extender la tensión que sentían ni el conflicto.

Otra de las características de estos líderes de alto nivel fue que eran capaces de aceptar al individuo, es decir, que valoraban lo individual. Esto es difícil porque crea una paradoja. ¿Cómo le puedes dar a alguien retroalimentación severa y, al mismo tiempo, tener esa mirada no verbal, subyacente, incondicional y positiva de la que habla Carl Rogers?[13] En este caso, es necesario que cuentes con la confianza de las personas que te reportan de manera directa, de tal suerte que puedas darles esa retroalimentación severa, pero también recibirla cuando ellos te la ofrezcan.

Para lograr tener este tipo de relación, debes saber lo que hay en tu corazón y comunicarte a partir de él, no solo de tu mente. Creo que el proceso de conexión implica vincularte con cada parte de ti mismo: cuerpo, mente, alma. Si logras esto, la gente participará, será auténtica y establecerá un lazo más profundo contigo. Vincularse es esencial para crear una conexión, y si no puedes conectarte, ten por seguro que habrá problemas.

Cómo desarrollar autocontrol emocional

Para desarrollar autocontrol emocional primero tienes que ser consciente de tus emociones, y para esto necesitas participar en un diálogo interior y tratar de catalogarlas. Reconoce si la emoción es más bien tristeza, enojo o miedo, por ejemplo. También trata de entender la causa. ¿Por qué estás enojado, temeroso o triste? De esta manera empezarás a conectarte con esta emoción específica que es la respuesta a un suceso externo. Al identificarla y ver de dónde proviene podrás abordarla, lidiar con ella y disminuir el control que ejerce sobre ti.

El objetivo de permanecer en calma, compuesto y sereno es aprender las señales del momento en que estás a punto de tener una reacción exagerada y, así, prevenirla. En parte, también necesitarás volver a «cablear» tu cerebro para permanecer en calma. Esto lo puedes hacer a través de la meditación de atención consciente o *mindfulness* —tema sobre el que encontrarás información al final de este apartado—, respirando profundamente o buscando maneras sanas y alternativas de liberar tus emociones. Puedes, por ejemplo, escribirlas. Sin importar el método que uses para apaciguarte, necesitarás practicarlo con regularidad para que tu cuerpo aprenda a volver a ese estado de calma. Lo opuesto serían esas ocasiones en que alguien propaga su hostilidad, su ira y su estrés por todos lados.

También es importante recibir retroalimentación. A menudo la gente no está al tanto de que sus emociones se encuentran fuera de control. A muchos les parece que estar emocionado, ser asertivo e incluso agresivo es normal. Si quieres recibir retroalimentación, necesitarás pedirles a otros: «¿Podrías avisarme cuando esté teniendo una reacción exagerada? ¿Podrías darme retroalimentación?». Esto tal vez sea difícil, en especial si se lo pides a tu jefe o a tus subordinados, sin embargo, es importante contar con la honestidad y la confianza necesarias para que alguien se sienta cómodo al decirte: «Mira, estás siendo demasiado agresivo. ¿Hay algo que te incomode?». O tal vez haya otras maneras de concienciar a la gente, pero estar intranquilo y molesto no ayuda. Claro que es necesaria la sensación de urgencia, aunque si quieres comunicarla es fundamental que lo hagas sin romper el vínculo.[14] Podrías pedirle ayuda a alguien en quien confíes, a quien respetes. Alguien a quien estarás dispuesto a escuchar y cuya opinión aceptes como parte de tu motivación para cambiar.

Para poder decirle a un jefe: «Creo que está usted un poco furioso», debes tener con él o ella un vínculo de confianza que te permita expresarte. Creo que, en el 90% de los casos, el jefe tiene que ser quien inicie la idea: «Quiero recibir retroalimentación. Quiero que me digas qué puedo hacer para facilitar tu trabajo. Si me molesto demasiado, si me enojo, si de alguna manera mis emociones se apoderan de mí, ¿podrías decírmelo? ¿Podrías darme retroalimentación?».

Las emociones pueden propagarse como virus, y las del jefe se propagan con mucho más vigor que las de la gente que no está en una posición de poder. El estrés es una de las emociones que se puede extender, es decir, estar molesto puede crear tensión en toda la gente de una oficina. Es una emoción especialmente destructiva cuando aparece con los clientes. Por eso es fundamental que un líder posea la habilidad de calmarse cuando surjan emociones violentas. Al aprender a apaciguarte dependerás menos de que los otros te digan que tus emociones están fuera de control.

Entrenamiento del cerebro para el autocontrol emocional

RICHARD J. DAVIDSON

Una de las formas explícitas de regulación de la emoción proviene de la terapia cognitiva.[15] En la terapia cognitiva se enseña a los clientes a volver a valorar el significado de un suceso emocional. Por ejemplo, se les pide que reflexionen sobre cuánta gente podría experimentar lo mismo. Te daré un ejemplo concreto. Digamos que un jefe critica a una persona por una labor que realizó de manera mediocre. En lugar de personalizar el asunto y pensar que esto es un reflejo de que la persona no es eficiente o que es inadecuada, en la terapia cognitiva se le enseña al cliente a contextualizar la situación, es decir, a recordar que sucesos como ese se presentan ocasionalmente. Además, estas situaciones afectan a mucha gente, no solo a la persona en cuestión. Tal vez el jefe se encontraba de mal humor y reaccionó de forma exagerada, o quizá tenía expectativas de las que nadie estaba al tanto y que no se cumplieron ni comunicaron de modo apropiado. En resumen, se le pide al cliente que contemple la situación desde una perspectiva más amplia.

Hacer este tipo de contextualización y ver las cosas desde una perspectiva más extensa es una forma importante de regulación de la emoción o autocontrol emocional. Esto puede ayudar a alguien a recuperarse con más rapidez, a no tomarse tan en serio lo que está pensando o a no identificarse tanto con esos pensamientos negativos.

La próxima vez que algo detone en ti emociones fuertes, tómate un momento, da un paso atrás y reflexiona. Pon todo en contexto. Trata de ponerte en los zapatos de las otras personas involucradas y reconoce el hecho de que tal vez esto no se trate solo de ti. Después de haber tenido la oportunidad de hacer una pausa y revaluar la situación, vuelve a ella con un mayor equilibrio emocional y decide con serenidad cuál será la mejor manera de avanzar. A medida que pase el tiempo, este proceso de contextualización requerirá de un esfuerzo menos consciente porque habrás entrenado tu cerebro lo suficiente para responder de una forma nueva y más productiva.

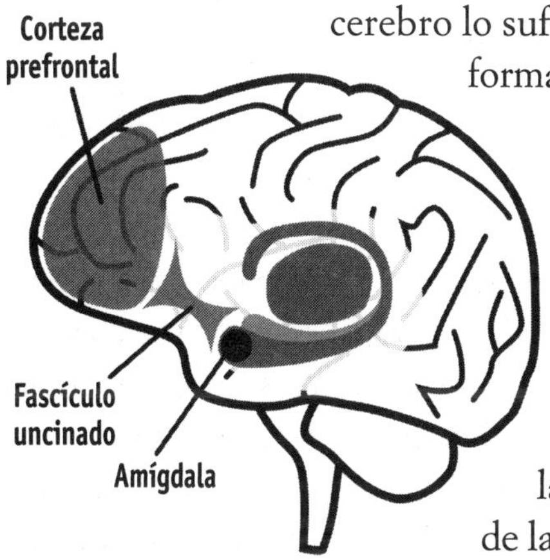

Lo que sabemos gracias a la investigación neurocientífica es que hay un circuito crítico que involucra a la corteza prefrontal y a la amígdala.[16] La amígdala es una zona en el sistema límbico, debajo de la parte más alta del cerebro y de la corteza cerebral. Es una parte muy involucrada con la emoción y detecta amenazas en nuestro entorno. Por esta razón, si hay una amenaza al «yo», la amígdala se activa.

Algunos entornos laborales presentan oportunidades abundantes para que la amígdala se active. Por ejemplo, en el lugar de trabajo no es imposible que una amenaza al «yo» se presente al pensar: «No me han dado crédito por lo que hice», «No me están tratando de una manera justa» o «Esa crítica negativa no la merecía». La amígdala reacciona a este tipo de amenazas o a la estresante realidad general que implica el hecho de tener demasiadas tareas que cumplir y muy poco tiempo y ayuda para llevarlas a cabo. Cultivar la habilidad de recuperarse rápido de estas situaciones nos ayuda a lidiar con este estrés.

Entre la corteza prefrontal (la zona pensante/racional de nuestro cerebro) y la amígdala hay una vía esencial. Se la conoce como «fascículo uncinado». Son los «cables» neuronales más importantes entre la corteza prefrontal y la amígdala y la base para que podamos apagar un poco a la amígdala y usar las estrategias cognitivas necesarias para adoptar otras perspectivas. Me refiero a las estrategias que he mencionado anteriormente, las que sirven para modular la actividad en la amígdala.

Es importante que esta vía esencial para la regulación emocional conserve su integridad. La gente cuyo fascículo uncinado se ve comprometido de alguna manera puede presentar una merma en su habilidad para regular sus emociones.

El «secuestro» de la amígdala,[17] concepto de Daniel Goleman, se presenta cuando esta reacciona de forma exagerada, se hace cargo y se pone al mando de la corteza prefrontal. Aquí estoy hablando del proceso inverso. Existe evidencia convincente[18] de que estas conexiones entre la corteza prefrontal y la amígdala son bidireccionales, es decir, van en ambos sentidos. La amígdala puede secuestrar a la corteza prefrontal y sacudirla, lo cual interrumpe nuestra capacidad de planear o guiar nuestro comportamiento de manera eficaz.[19] También sabemos que la corteza prefrontal puede modular a la amígdala,[20] hacerla ir en la otra dirección. Usar las estrategias cognitivas como la adopción de otra postura puede ayudar a modular la amígdala, lo cual reduce las respuestas basadas en el miedo, pero hay otras más. Contamos con evidencia reciente[21] de que, gracias a una práctica a largo plazo de la meditación de la atención consciente o *mindfulness*, se reduce aún más el tiempo en que la amígdala se recupera de un suceso adverso. Pero, insisto, esto solo pasa después de practicar durante un periodo en verdad considerable.

Cuando hablo de la práctica de la atención consciente me refiero, sobre todo, a la táctica de reconocer los pensamientos y sentimientos sin identificarse demasiado con ellos. A la capacidad de observar que están presentes sin dejarse llevar por ellos, solo reconocerlos como lo que son. Decirse: «Esto es un pensamiento, aquello es una sensación», sin abordarlos de ninguna manera, tratando de evitar la crítica a uno mismo que a veces puede presentarse cuando surgen pensamientos o sentimientos indeseables. Este tipo de práctica de la observación te ayuda a recuperarte más rápido.

En la terapia cognitiva hay una máxima: «No tienes por qué creer en tus pensamientos». Me parece que mucha gente piensa que ver nuestros pensamientos podría ser beneficioso; sin embargo, hay una gran diferencia entre entender desde la perspectiva cognitiva y ser capaces de encarnar ese tipo de característica. Aquí es cuando todo lo que hemos aprendido gracias a la neurociencia respecto a la diferencia entre el conocimiento declarativo y el procedimental adquiere toda su importancia.[22] El conocimiento declarativo se refiere a lo que sabemos sobre algo, en tanto que el procedimental es el conocimiento encarnado. Por ejemplo, leer o escuchar sobre la eficacia de la meditación de la atención consciente como una herramienta para mejorar la recuperación es un principio, pero no basta para mejorar la recuperación. Para hacer eso necesitas poner en práctica esta meditación hasta que tu cerebro y tu cuerpo sepan cómo hacerlo.

Conclusión

Daniel Goleman

Te diré cómo se ve el verdadero autocontrol emocional. Andrew Grove, antiguo director ejecutivo de Intel, convirtió a esta empresa en un gran éxito durante el auge de los ordenadores personales y las tablets. Grove escribió una autobiografía de negocios llamada *Only the Paranoid Survive*. Es un relato muy honesto en el que habla de las dos ocasiones en que Intel pudo caer en bancarrota debido a que los tomaron por sorpresa. La primera vez fue porque no se dieron cuenta de que un competidor había sacado al mercado un producto mejor y más económico que el de ellos. La segunda vez fue porque distribuyeron un producto nuevo que fue un gran éxito de ventas, pero salió defectuoso y tuvieron que remplazarlo. Grove comenta: «Lo que nos mantuvo en el negocio, lo que nos permitió sobrevivir fue la excelente manera en que los líderes manejamos nuestras emociones personales. Si hubiéramos entrado en pánico, si nos hubiéramos quedado paralizados, no estaríamos hoy aquí como empresa».

El autocontrol emocional es un elemento crucial del liderazgo eficaz. Puede ayudarte a enfrentar y superar los desafíos, a tener una visión más nítida al buscar soluciones y ejercer el pensamiento creativo, además de que aumenta muchísimo la capacidad de invocar el apoyo y compromiso de tu equipo. No obstante, como sucede con la mayoría de las competencias de la inteligencia emocional, requiere de desarrollo. Una de las definiciones de madurez es: «Aumentar la brecha entre el impulso y la acción». La brecha es lo que te permite volver a analizar los sucesos y encontrar una respuesta más eficaz. En este sentido, una manera de mejorar tu actuación consiste en hacer uso de las prácticas de la atención consciente y la revaluación cognitiva. Si eres congruente al aplicar el método que implica hacer una pausa antes de actuar, darás forma a los circuitos de tu cerebro y podrás volver a cablearlos para generar una nueva forma de actuar. El autocontrol emocional te da la base para las otras competencias de la autogestión y, sin que lo notes, entra en juego en la aplicación de todas las demás.

3

ADAPTABILIDAD

Elementos básicos

Introducción

Daniel Goleman

La competencia de la adaptabilidad implica ser flexible al enfrentar el cambio, poder hacer los malabares necesarios para lidiar con diversas exigencias y adaptarse a situaciones nuevas aplicando ideas frescas o formas innovadoras de abordar lo que se presente. Significa que puedes permanecer enfocado o enfocada en tus objetivos, pero también ajustarte con facilidad a distintas maneras de lograrlos.

Un líder adaptable puede enfrentar desafíos nuevos a medida que aparezcan y sin que un cambio repentino lo detenga. Puede permanecer cómodo, a pesar de la incertidumbre que implica el liderazgo.

Los codirectores ejecutivos de la empresa que antes se llamaba Research in Motion (RIM), actualmente BlackBerry Limited, fueron quienes, en la etapa temprana de los teléfonos inteligentes, hicieron de BlackBerry un producto líder en el mercado. Ambos eran ingenieros y, con razón justificada, estaban muy orgullosos de características como la seguridad y el fabuloso teclado que hizo tan popular a los BlackBerry. Sin embargo, cuando iPhone y Android irrumpieron en el mercado, los codirectores no se adaptaron, no se dieron cuenta de que les estaban quitando la cuota del mismo que tenían hasta entonces. Cuando comprendieron lo que sucedía, lo único que hicieron fue duplicar las mismas características que permitieron que este producto fuera un éxito al principio. A la empresa le fue tan mal que despidieron a los codirectores y trajeron a un nuevo director ejecutivo. Era una persona muy franca, pues dijo que la empresa había perdido oportunidades —como la señal inalámbrica 4G— que otras empresas de móviles aceptaron y aprovecharon. En resumen, el antiguo director ejecutivo había subestimado la importancia de las pantallas digitales y, para colmo, la empresa no encontró maneras de mantener su competitividad. De hecho, el nuevo director dijo: «Es demasiado tarde». Al final, tuvieron que vender la empresa.

Lo que esos directores ejecutivos no tuvieron fue adaptabilidad.

Esto es lo que la información recabada nos dice sobre la competencia de la adaptabilidad: en seguimientos que se hicieron a estudiantes de Administración de Empresas, entre cinco y diecinueve años después de que se graduaran, la fortaleza en adaptabilidad predijo su satisfacción en la vida, en el trabajo e incluso su éxito profesional. Este fue el indicador más fuerte entre todas las competencias de la inteligencia emocional y social.[1]

En un estudio realizado con ejecutivos de ventas de servicios financieros, cuanto más adaptables eran, más evidente era su eficacia gracias a los ingresos y crecimiento en ventas que mostraron.[2] Investigadores de la India descubrieron una relación positiva entre la inteligencia emocional, en especial en la adaptabilidad de los empleados, y la eficiencia con la que realizaban su trabajo.[3] Asimismo, investigadores estadounidenses descubrieron que la adaptabilidad de un líder es indicador del desempeño del equipo en general.[4]

No resulta sorprendente que, en un mundo que cambia de manera constante, la información muestre que la adaptabilidad es uno de los activos del liderazgo y, también, la base de la innovación.

La adaptabilidad se relaciona además con otras competencias de la inteligencia emocional, como el autocontrol y la actitud positiva. Ser adaptable significa que los sucesos inesperados no desencadenan en ti tantas emociones como en otras personas. Cuando surge un obstáculo, en lugar de concentrarte en lo difícil que será superarlo, realizas un cambio rápido de perspectiva y empiezas a buscar soluciones: te comunicas con tu equipo para hablar de los pasos a seguir y diseñas una estrategia para actuar. Si surge otra sorpresa, solo refinas la estrategia para adaptarla. Eso es lo que hacen los líderes eficaces de casi cualquier industria. La adaptabilidad es una herramienta emocional que te ayuda a permanecer enfocado en lo que más importa.

Adaptabilidad y liderazgo

RICHARD BOYATZIS

Cada competencia de la inteligencia emocional tiene una intención y unos comportamientos subyacentes que muestran dicha competencia en acción. La intención subyacente de la adaptabilidad es ser capaz de alterar la manera en que piensas, abordas o te sientes respecto a algo, y adoptar una perspectiva más útil o eficaz. Los comportamientos implican cierto grado de flexibilidad, no ser tan rígido como para pensar: «Esta es la única forma en que podemos hacerlo».

La rigidez es lo contrario de la adaptabilidad. Te daré un ejemplo de cómo puede surgir en los negocios. Un líder se cierra de inmediato a una idea sugerida por un integrante junior del equipo, quien propone usar un sistema de gestión de administración basado en la tecnología, el cual podría incrementar la productividad. Tal vez el o la líder no se da cuenta de que a lo que en realidad se está oponiendo es al cambio y por eso menciona varias razones para dejar las cosas como están. Al no ser adaptable, el líder fomenta la continuación de prácticas ineficaces y envía un mensaje a su equipo: no se puede cuestionar el *statu quo*. Con el paso del tiempo, esto puede dar como resultado estancamiento, falta de innovación, pérdidas económicas y falta de pasión y energía por parte de la fuerza laboral. Si el líder hubiese sido más adaptable, les habría preguntado a los otros integrantes del equipo qué pensaban respecto a esta idea y si les parecía que valía la pena probarla. En ese caso, el líder adaptable podría intentarlo y, si la idea funciona, habrá un progreso. Si no, de todas formas se aprendería algo que podría mejorar la metodología original.

La adaptabilidad es fundamental para innovar y acomodarse en un nuevo ambiente. En algunos estudios publicados de manera reciente, la adaptabilidad aparece como la variable más importante en la diferenciación de los líderes de industrias muy tumultuosas.[5] Los líderes que muestran un alto nivel de adaptabilidad son más capaces de innovar y reconocer que su sector cambia sin cesar. Se dan cuenta de que no pueden estancarse y seguir haciendo una y otra vez lo mismo, de que tienen que explorar, mirar alrededor e imaginar qué más podrían estar haciendo.

En términos de estrategia, la rigidez en el entorno de un negocio implica vender el mismo viejo producto de la misma manera de siempre. Como tuvo éxito una vez, estás convencido de que volverá a tenerlo, pero resulta que no, al menos no en el nuevo ambiente comercial. Esta es la forma en que empresas que alguna vez prosperaron llegan a su decadencia. Por otra parte, todos conocemos compañías que han sido ejemplos fenomenales de adaptabilidad, como Apple y Google, que crearon productos nuevos que ni siquiera imaginábamos necesitar. Estas empresas se sintonizaron con las tendencias cambiantes y la retroalimentación de sus primeros clientes. Permanecer adaptables y mantener una mente abierta les permite reinventarse y, de paso, tener un crecimiento significativo.

La adaptabilidad no solo es esencial en el contexto de los equipos y de las interacciones cotidianas, también es una habilidad requerida a nivel global. La rigidez, que provoca una gran cantidad de conflictos en el mundo, es un rasgo de la gente que se siente demasiado segura de sí misma en el lugar en que se encuentra, independientemente de que su posición sea política, religiosa o económica. Este rasgo también puede hacer que las personas queden atrapadas en formas de ser demasiado competitivas y severas, en las que o se gana o se pierde y en las cuales se privilegia el dominio por encima de la colaboración. Tener poder es una causa de mucho orgullo para algunos, y cuando alguien más llega a cuestionar ese poder con nuevas ideas, su postura puede ser interpretada como un ataque personal o un intento de despojarlos de ese poder. Para alguien rígido, el cambio y las nuevas ideas son vistos como una amenaza, en tanto que alguien adaptable se sentirá emocionado de seguir avanzando, incluso si eso significa compartir el poder. Quienes tienen una mentalidad rígida piensan que ya conocen la respuesta al problema o lo que la nueva situación ofrece; sin embargo, cada situación tiene componentes o contextos distintos y nuevos. Por eso, si abordamos lo nuevo de esta manera, a menudo podemos ver soluciones que no habíamos reconocido antes.

Naturalmente, a veces hay buenas razones para no cambiar algo, como cuando se desea preservar tradiciones de calidad o estrategias que han probado su eficacia a pesar del paso del tiempo. No obstante, un líder adaptable es capaz de equilibrar los valores apreciados desde antaño con una respuesta adecuada ante los cambios en el mundo.

Como seguimiento para esta sección, tómate un momento y pregúntate si hay áreas en las que podrías estar siendo rígido. Si fueras más adaptable, tal vez manejarías las cosas de manera distinta. ¿Cómo lo harías? A menudo, todo empieza por la autoconciencia y por tener comunicación abierta con la gente que te rodea.

Los equipos y la adaptabilidad

VANESSA DRUSKAT

Uno de los mayores desafíos que enfrentan los equipos es el ritmo del cambio. Dada la velocidad del cambio constante, ahora es común que los equipos se reúnan de manera virtual, que tengan tareas mal definidas, fronteras porosas, y que se encuentren bajo una presión mucho mayor para lograr sus objetivos en menos tiempo.

Cuando hay modificaciones en la dirección de la estrategia o cuando se presentan inconvenientes en un proyecto para el que se estableció una fecha límite muy justa, entra en juego la importancia de la adaptabilidad en el equipo. Todo esto exige que los integrantes cambien de velocidad con rapidez y agilidad. El alcance, el marco temporal y/o los productos finales de un proyecto pueden modificarse y a menudo se llevan a cabo sin que recibamos una advertencia con suficiente anticipación o se hacen de un día para el otro. La capacidad de un equipo para responder a las fluctuaciones de estos cambios es lo que puede determinar el fracaso o el éxito.

En uno de nuestros estudios descubrimos que los equipos de más alto desempeño tenían la disciplina para realizar de manera regular evaluaciones y actualizaciones, así como para alinear sus objetivos con sus planes de acción.[6] Esto permite a los integrantes adaptarse rápida y continuamente y acomodar los elementos más importantes para el éxito colectivo. En contraste, los equipos con un desempeño mediocre que participaron en el estudio no mostraron esa misma disciplina de evaluación, actualización y adaptación. Los equipos que no evalúan con regularidad y actualizan sus planes son más proclives a ser ineficientes e incoherentes.

En los equipos es importante que la evaluación y la adaptabilidad vayan de la mano. De manera inherente, el cambio y la adaptación son más complejos para los equipos que para los individuos. Por ejemplo, ¿quién decide cuándo o cómo necesita adaptarse un equipo? ¿Todos los integrantes deben involucrarse en esta decisión? El gran beneficio del trabajo en equipo es la sabiduría colectiva. Cuando se trabaja con un equipo, no es necesario que ningún individuo, ni siquiera el líder, sea clarividente y adivine o sepa cuándo y cómo hay que adaptarse.

Nuestras investigaciones a lo ancho de distintos tipos de industrias nos muestran que los equipos de alto desempeño adoptan una norma a la que hemos denominado autoevaluación del equipo.[7] Esta norma o regla exige que todos los integrantes reflexionen de manera periódica sobre sus procesos y desempeño y que detecten cuáles de sus acciones y hábitos les están ayudando en cada momento a lograr el éxito, o cuáles lo están impidiendo y, por lo tanto, necesitan ser modificados.

La autoevaluación del equipo puede realizarse de muchas formas. Por ejemplo, se puede programar reuniones periódicas con el único propósito de identificar las fortalezas y debilidades presentadas durante un periodo reciente. También puede hacerse con encuestas o retroalimentación compartida a través de medios digitales. Algunos equipos envían evaluaciones en línea al final de una cantidad definida de reuniones. El objetivo es que los integrantes del equipo se comuniquen con apertura respecto a las mejores maneras de avanzar, pero contando con el convencimiento de todos los involucrados para que nadie se sienta excluido. La inclusión en este proceso aumenta la sensación de pertenencia y control de los integrantes, dos necesidades sociales fundamentales de la gente en los entornos colectivos.[8] Cuando se satisfacen las necesidades sociales de cada uno, los integrantes están más dispuestos a involucrarse con entusiasmo en el paso que sigue a la evaluación: adaptar las acciones y procesos del equipo para llevar a cabo los cambios deseados.

A pesar de su importancia para el éxito del equipo, el cambio y la adaptación no suelen ser sencillos. Nuestras investigaciones han puesto al descubierto dos normas adicionales que fomentan la adaptabilidad de los equipos. Las hemos llamado creación de un entorno afirmativo y resolución proactiva de problemas. Crear un entorno afirmativo implica comportamientos cuyo objetivo sea mantenerse optimistas y esperanzados respecto a la capacidad del equipo para adaptarse y lograr sus metas. Esta norma tiene consecuencias emocionales que afectan el estado de ánimo y la noción de motivación del equipo, pues el nivel en el que los integrantes conservan el optimismo afecta sus creencias sobre la eficiencia del equipo y minimiza la sensación de amenaza que provocan los desafíos. Incluso pequeños gestos pueden ayudar a fomentar ese optimismo. Hemos visto, por ejemplo, grupos que aplauden al final de las reuniones en que discuten desafíos. Es un gesto modesto, pero tiene consecuencias emocionales importantes. Les recuerda a los integrantes que se tienen los unos a los otros y que, en conjunto, tienen una razón para ser optimistas. Te recomiendo que pongas a prueba estas acciones con tu equipo.

La segunda norma, la resolución proactiva de problemas, es igual de importante para la adaptabilidad de un equipo y tiene un enfoque doble. En primer lugar, se centra en que el equipo anticipe las dificultades de manera proactiva y, en segundo, en que el equipo actúe en cuanto las dificultades o complicaciones empiecen a surgir. El resultado de este enfoque doble es que las cosas siguen un curso mucho más tranquilo porque las dificultades no duran lo suficiente para desacelerar la productividad. Si hay un cambio en el mercado o si llega una orden grande de productos, el equipo se encuentra en una buena posición para responder de manera correcta. Los equipos no adaptables son mucho más proclives a permitir que un problema persista o a abordarlo de forma improvisada para solucionarlo rápido y superficialmente, lo cual podría provocar que crezca y genere desafíos mucho más amenazantes en el futuro. Vale la pena destacar que una norma fuerte de autoevaluación en el equipo contribuye a este tipo de proactividad, ya que genera un acuerdo colectivo respecto a dificultades o problemáticas potenciales que requieren de atención.

Nuestra investigación también muestra que una norma de resolución proactiva de problemas contribuye a la noción de fortaleza y eficacia compartidas,[9] la cual parece ser un fuerte indicador de esfuerzo y participación grupal.[10]

Líderes y adaptabilidad del equipo

Vale la pena señalar un aspecto clave de la adaptabilidad del líder del equipo que destaca en nuestras investigaciones.[11] Hemos descubierto que, con sus equipos, los líderes a menudo cometen el error de casi no intervenir y ser demasiado democráticos, o de intervenir demasiado y ser autocráticos. La verdad es que los líderes deben adaptar su estilo a lo que más necesite el equipo en cualquier momento.

Desarrollar una sólida serie de normas grupales que fomenten la eficiencia del equipo, como las de nuestro modelo de Normas de los Equipos con IE, permite al líder delegarle al grupo controles importantes. Los integrantes deciden cómo representar, hacer cumplir y reforzar estas normas. Por ejemplo, deciden con cuánta frecuencia necesitan involucrarse en discusiones de autoevaluación del equipo, así como el proceso más eficaz para hacerlo. También deciden cuál es el mejor proceso para representar una norma de resolución proactiva de problemas y, de ser necesario, tener la capacidad de modificar el proceso.

No obstante, nuestras investigaciones sobre equipos y líderes de alto desempeño muestran que los líderes también tienen que estar preparados para adaptarse y usar un estilo más asertivo y autoritario cuando sientan que es necesario.[12] Descubrimos, por ejemplo, que los líderes necesitaban ser autoritarios cuando se requería de una dirección o enfoque claro, como cuando un equipo parecía incapaz de tomar una decisión, cuando el proceso grupal descarrilaba o cuando parecía necesaria una noción más fuerte de urgencia o lidiar con la ambigüedad de una situación. Asimismo, en los equipos de alto desempeño los líderes no solo ayudaban a los integrantes a hacer cumplir las normas que el equipo había elegido, también se expresaban abiertamente sobre las normas que ellos, de manera personal, querían que se incluyeran en la lista. Te daré un ejemplo. En uno de los equipos que estudiamos, la líder fue inflexible respecto a la necesidad de estar pendientes de los móviles y los ordenadores durante las reuniones, excepto en caso de emergencia, por supuesto.

Entrena tu cerebro para que sea flexible

RICHARD J. DAVIDSON

Cada vez que pienso en la adaptabilidad, considero los distintos contextos en que operamos y el hecho de que nuestro lugar de trabajo y la vida cotidiana están repletos de ellos. Por ejemplo, el contexto de la informalidad y conexión que tenemos con la gente que es parte de nuestra vida personal, la estructura y, con frecuencia también, la jerarquía de la vida laboral, entre otros. La adaptabilidad implica ser capaz de responder de manera adecuada en cada contexto. Es probable, por ejemplo, que con tu cónyuge hables de forma distinta a como lo haces con tu jefe o jefa. Estas relaciones representan dos contextos distintos, pero los humanos solemos hacer transiciones entre varios a lo largo del día. Algunas personas, por ejemplo, son hábiles y no solo responden adecuadamente al pasar de un contexto al otro, también lo hacen sin que se note la transición. Otras, en cambio, se desbordan un poco y pasan de un contexto al otro sin hacer la distinción necesaria.

Al analizar desórdenes de contexto, hemos podido aprender mucho respecto a la manera en que el cerebro media esta situación. El principal desorden de contexto es el del estrés postraumático. Es probable que las emociones que experimenta una persona que vive una situación traumática sean adecuadas a dicha situación y se hayan adaptado a la misma. Estas emociones, sin embargo, pueden meter a alguien en apuros si se desencadena la misma respuesta corporal, aunque la persona ya no se encuentre en el contexto traumático, sino a salvo. Por ejemplo, alguien que va caminando por la calle y ve una ambulancia que pasa con las luces encendidas y haciendo sonar la sirena podría recordar un episodio traumático y no distinguir entre el contexto seguro y el que la traumatizó. Este es un ejemplo extremo, por supuesto, pero algo tal vez más común sería volver a casa de mal humor y perder los estribos porque has tenido un día estresante en la oficina y tus niños hacen demasiado ruido.

La cuestión esencial es que estás estancado y, a diferencia de la gente que posee la competencia de la adaptabilidad y puede cambiar su comportamiento con mucha fluidez, tienes algo a lo que en ocasiones se le denomina «fijación funcional», por lo cual reaccionas de una sola manera sin notar que la situación o el contexto son distintos.

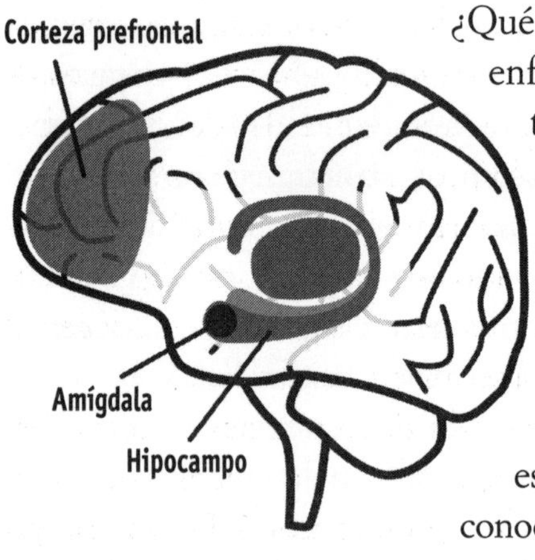

¿Qué sucede en el cerebro cuando enfrentamos situaciones distintas que requieren de adaptabilidad? El hipocampo es la parte clave del cerebro para este desafío porque codifica el contexto en que se presentan los sucesos. Podemos aprender sobre señales específicas en nuestro entorno y conocer el contexto en que estas ocurren para responder adecuada y hábilmente. A los individuos que han sufrido lesiones en el hipocampo les cuesta trabajo hacer esto. El hipocampo es una zona a la que se ha identificado de manera muy clara con el desorden de estrés postraumático y, de hecho, vivir experiencias traumáticas hace que presente varios tipos de anomalías. Asimismo, el hipocampo está conectado con otras áreas cerebrales, incluyendo la amígdala, que es muy importante para la emoción, pero también tiene conexiones extensas con la corteza prefrontal, la cual guía el comportamiento y anticipa el futuro.

El hipocampo se activa cada vez que el contexto cambia, incluso cuando cambia la persona con quien estás hablando, tu cónyuge o tu jefe o jefa, por ejemplo. El contexto es complicado e incluye las relaciones interpersonales en conjunto con los entornos físicos. Imagina que te hallas en tu lugar de trabajo y cambias de actividad rápidamente, es decir, pasas de analizar un estado financiero con tus colegas a responder a un cliente estresado. En este caso, te encuentras en el mismo entorno físico, pero el contexto ahora es distinto: un tipo de cambio como los que la gente experimenta todo el tiempo.

¿Cómo puede alguien mejorar su habilidad para adaptarse a contextos distintos? Esta pregunta no tiene una respuesta definitiva. Sabemos mucho respecto a las cosas que generan problemas en el hipocampo, región con una alta densidad de receptores para el cortisol, la hormona del estrés. Cuando las glándulas suprarrenales —ubicadas sobre los riñones— liberan cortisol, este asciende hasta el cerebro a través de la corriente sanguínea y se une a estos receptores en el hipocampo. Si grandes cantidades de cortisol bañan esta zona durante un periodo prolongado, y si la situación es acumulativa, se puede producir muerte celular y anormalidades en el hipocampo. Cuanto más estresado estás durante mucho tiempo, menos adaptable te vuelves. Por todo esto, las cosas que reducen el estrés pueden ayudar a la gente a ser más adaptable.

¿Qué podemos hacer para mejorar de forma más directa el estado del hipocampo? Insisto, los científicos no lo sabemos del todo, pero tenemos algunas pistas bastante prometedoras. El hipocampo exhibe una especie de plasticidad o maleabilidad, es decir, neuroplasticidad. El hipocampo es distinto a otras regiones cerebrales por una razón muy específica: en él crecen nuevas células. Los neurocientíficos se refieren a este fenómeno como «neurogénesis»: crecimiento de nuevas células cerebrales. Esto es algo que, sin duda, puede ocurrir en el hipocampo, pero tal vez también en otras zonas. Por lo que sabemos, lo único que, sin ser un fármaco, puede aumentar la cantidad de células cerebrales en el hipocampo y promover la neurogénesis es el ejercicio aeróbico.

Obedeciendo a esta lógica, podría decirse que, si una persona mejora su condición física, sobre todo en el aspecto aeróbico, su hipocampo debería mantenerse más sano. Y si todas las otras condiciones son iguales, también debería ser más adaptable porque, en su caso, esta estructura cerebral tendría un mejor funcionamiento. No obstante, la plasticidad por sí misma podría no ser beneficiosa, sino neutral. Tu plasticidad podría ser buena, pero si te encuentras en un ambiente muy tóxico y la aumentas, empeorarías las cosas, pues la información tóxica que recibas la estarías procesando con más eficiencia.

La clave para desarrollar adaptabilidad radica en codificar la información recibida de manera más positiva. Lo ideal sería implantar una estrategia combinada que fomente la plasticidad en el hipocampo a partir de llenar nuestra mente con pensamientos agradables y actividades positivas. Este programa, que en realidad es una especie de «actividad aeróbica de la contemplación», es algo en lo que he estado muy interesado y, aunque todavía no se han publicado investigaciones al respecto, desearía promoverlo.

Con la información que tenemos sobre la forma en que funciona el cerebro, sería justo decir que hay dos prácticas específicas que nos pueden ayudar a ser más adaptables: priorizar las actividades que reduzcan el estrés, en especial si en tu vida hay un contexto que con frecuencia es estresante; y realizar ejercicio aeróbico con regularidad. Algunas de las actividades que promueven la renovación neurológica podrían ser: dar un paseo en la naturaleza, acariciar a una mascota o animal, realizar actos de amabilidad o compasión por otros individuos y practicar la meditación.

Desarrollo de la adaptabilidad

RICHARD BOYATZIS

En cada una de las competencias de la inteligencia social y emocional puedes dar pequeños pasos. A lo largo de la semana puedes añadir a tu comportamiento habitual una o dos actividades que generen un entorno más propicio para que practiques. La adaptabilidad, por ejemplo, suele llevarse a cabo pensando en otras vías que podrías tomar en distintas situaciones. Sin embargo, no es tan sencillo como decir: «Esta noche tenía ganas de comer comida china, pero tal vez debería probar comida italiana», porque, en realidad, eso no es adaptabilidad.

La adaptabilidad se presenta cuando estás camino de hacer algo, aunque las cosas no funcionan del todo. Puedes retroceder y decir: «¿Hay otra manera de abordar esto?». Una forma de combinar la adaptabilidad con el trabajo en equipo o las competencias del liderazgo inspirador es trabajando grupalmente. Si has estado defendiendo cierta estrategia que no te está llevando a ningún lado, considera dejar de defender tu postura y buscar una alternativa. Presionar puede generar más resistencia, por lo que tal vez sea mejor que uses competencias como la adaptabilidad y el autocontrol emocional para detenerte, hablar con franqueza con el grupo y decir: «¿Sabéis? Esto no está funcionando. ¿Cómo podríamos abordar el problema para resolverlo?».

Al hacer esto estarás practicando el autocontrol emocional y la adaptabilidad. Si eres el líder, también estarás practicando el liderazgo inspirador. Y si eres uno de los integrantes, practicarás el trabajo en equipo al contribuir con tus ideas. Estos son algunos ejemplos de cómo puedes llevar a cabo diversas competencias al mismo tiempo y añadir valor al papel que desempeñas de manera específica.

Intenta lo siguiente: la próxima vez que estés en una reunión o que te encuentres discutiendo con un colega en el trabajo, o tal vez con un familiar o amigo, y notes que hay cierta resistencia a las ideas o punto de vista con el que te sientes casado, tómate un momento y reflexiona. «¿Hay otra manera de abordar esta conversación? ¿Estoy entendiendo bien la postura y/o necesidades de la otra persona en esta situación? ¿Hay preguntas que podría yo hacer y que nos ayudarían a descubrir una zona de entendimiento y acercarnos a ella?». Cuanto más practiques este tipo de reflexión personal en el momento y luego corrijas tu curso de la forma adecuada, más adaptable serás y el proceso se volverá mucho más sencillo.

La mentalidad de la adaptabilidad

George Kohlrieser

La gente adaptable ve el cambio como algo positivo. Para desarrollar la adaptabilidad se debe empezar con una mentalidad que perciba los problemas como oportunidades y los conflictos como algo productivo. Si cuentas con este marco de referencia, podrás ser adaptable. Se requiere de apertura, flexibilidad y resiliencia. Los líderes controladores y rígidos que no saben lidiar con lo inesperado suelen ver el cambio como algo negativo, lo cual limita su potencial. La buena noticia es que puedes entrenarte y aprender a ver el cambio como algo positivo. Una manera de empezar es observando la forma en que otras personas responden positivamente al cambio. Recuerda, cómo respondió a una situación inédita un jefe al que admiras. ¿Hay otras personas adaptables en tu vida que siempre encuentran el modo de seguir avanzando cuando se presentan obstáculos? ¿Qué puedes aprender de ellos?

La gente no se resiste al cambio de modo natural. En realidad teme a lo desconocido y se resiste al dolor que podría provocar el cambio. La mayor motivación de la gente para elegir es la pérdida, lo cual hace que muchos se vuelvan rehenes del *statu quo*. La teoría de la economía comportamental nos muestra que, en el 80% de los comportamientos, la pérdida o la anticipación de esta es el motivador más fuerte.[13] Los líderes con alto desempeño no tienen miedo a la pérdida. Piensan: «Estoy dispuesto a sufrir el dolor a cambio del beneficio». Ver el cambio como algo positivo permite que la adaptabilidad se vuelva un proceso de exploración, creatividad y descubrimiento. Al darle la bienvenida al cambio, dejamos de ser rehenes del miedo a lo desconocido.

Conclusión

DANIEL GOLEMAN

La adaptabilidad en acción se vería como explicaré a continuación. Conozco a una asesora muy exitosa que obtuvo su primer empleo en una agencia de consultoría, a pesar de que no contaba con experiencia previa en el negocio. El empleo consistía en reclutar estudiantes de maestría en Administración de Empresas para que se unieran a la agencia. Nunca había hecho eso, pero dominó la actividad muy rápido. Realizó su trabajo con tanta eficiencia que la empresa le asignó otra tarea, algo que no existía hasta entonces. La consultora organizó un programa de mentores en el que consultores de renombre compartirían su amplia experiencia con consultores recién contratados para que estos pudieran vender a los clientes una gama más amplia de empleos. La consultora tuvo que innovar rápido y diseñar el programa a partir de cero. En unos cuantos años ya no era solamente la líder de reclutamiento, también dirigía todas las funciones de recursos humanos para varias empresas, clientes de la agencia. Luego, una agencia financiera la contrató para que lanzara un nuevo fondo mutualista. Una vez más, no contaba con experiencia previa, así que tuvo que aprender sobre la marcha. Esta consultora tenía un elevado nivel de tolerancia al riesgo, la ambigüedad y el estrés; todo se basaba en que confiaba en su habilidad de enfrentar nuevos desafíos de manera exitosa. Esta capacidad de adaptación le permitió aprovechar las oportunidades que se le presentaron y demostrar a otros que era una persona sumamente capaz.

La adaptabilidad es esencial para el liderazgo eficaz. Sin importar cuál sea tu papel profesional, esta competencia te puede ayudar a responder a un mundo cambiante y aprovechar las nuevas oportunidades cuando surjan. Como sucede con todas las competencias de la inteligencia emocional, la adaptabilidad es algo que puedes desarrollar a través de un esfuerzo continuo. Mis colegas señalan que considerar otras posibilidades y ver el cambio como algo positivo de manera frecuente y constante te puede ayudar a ser más adaptable.

4

ORIENTACIÓN HACIA EL LOGRO

Elementos básicos

Introducción

Daniel Goleman

Cuando dominamos la competencia de orientación hacia el logro, nos esforzamos por alcanzar o exceder un estándar de excelencia y agradecemos las métricas y la retroalimentación relacionada con nuestro desempeño. Buscamos maneras de aprender a hacer mejor las cosas. Nos fijamos objetivos desafiantes, corremos riesgos calculados y equilibramos la motivación personal que nos dirige hacia el logro con las metas de la organización.

Todos conocemos a personas que carecen de esta competencia, que tienen talento, pero cometen errores y son incapaces de usar su destreza para alcanzar una meta clara. Es gente que podría lograr grandes cosas si tuviera suficiente motivación y energía, aunque parece no contar con este elemento tan esencial para el éxito. Por otra parte, hay quienes fracasan porque tienen demasiada energía para lograr cosas, pero muy pocas competencias de inteligencia emocional. En una ocasión oí hablar de un abogado muy exitoso cuya vigorosa motivación para lograr objetivos lo llevó a ocupar el primer lugar entre sus compañeros en la escuela de Derecho, ser contratado por un bufete de alto nivel y ascender hasta llegar a ser socio. Luego algo salió mal. Una vez que fue líder, su motivación y su energía se convirtieron en una desventaja. El abogado no escuchaba a otros cuando proponían buenas ideas y tampoco veía la necesidad de que los integrantes del equipo trabajaran en conjunto. No enfocaba su atención en trabajar para alcanzar las metas del bufete. Y, para colmo, su actitud distante hizo que todo su personal se mantuviera al margen.

El abogado dominaba la competencia de orientación hacia el logro y la aplicaba de manera indiscriminada, pero no tenía idea de cómo equilibrar esa energía con las necesidades de la organización. Carecía de varias de las competencias de la inteligencia emocional que sirven para matizar el deseo en bruto de lograr cosas, como empatía, inspiración y capacidad de trabajar en equipo. A medida que la gente avanza en su carrera, la orientación hacia el logro le ayuda a alcanzar sus objetivos, lo cual es de gran importancia para el éxito de las personas como individuos que contribuyen a una causa. Sin embargo, una vez que alguien se convierte en líder, esta competencia necesita aplicarse en conjunto con las otras mencionadas.

Quien posee la competencia de orientación hacia el logro fija estándares altos no solo para sí mismo, sino también para otros. Establece objetivos mensurables pero desafiantes, busca métricas que le indiquen qué tan bien se está desempeñando y si necesita mejorar su actuación, y, a diferencia de aquel abogado, aprende de manera continua a trabajar con su equipo para mejorar el desempeño.

Las investigaciones muestran que la orientación hacia el logro en objetivos personales tiene gran importancia en los primeros empleos cuando se inicia una carrera, pero a medida que se avanza se convierte en una dificultad para los objetivos del equipo o la organización. Si un líder no sabe cómo pasar de los objetivos personales a los grupales, como era el caso del abogado, puede destruir todo a su paso, empezando por la gente que le reporta de manera directa. *Harvard Business Review* publicó sobre este tema un artículo titulado: «Leadership Run Amok» («Liderazgo fuera de control»).[1]

Décadas de investigación en Harvard, Cornell y otras universidades muestran que los empresarios fundadores de negocios de éxito o de unidades innovadoras en el seno de una organización cuentan con grandes cantidades del impulso necesario para lograr objetivos.[2] Corren riesgos inteligentes y están seguros de que el peligro es mínimo, a pesar de que otros creen que no alcanzarán sus objetivos porque las apuestas les parecen muy elevadas.

La habilidad de correr riesgos inteligentes se puede evaluar con algo parecido al juego de lanzamiento de anillos, en el que estableces cualquier distancia que desees y, en el momento de lanzar los aros para tratar de insertarlos, cuanto más lejos se encuentre el objetivo más puntos obtendrás. Resulta que los empresarios son muy buenos para este juego. Te explicaré por qué. La gente que pone el objetivo muy cerca porque no le gusta arriesgarse obtiene pocos puntos, en tanto que quienes son demasiado temerarios no tienen una noción realista del riesgo y colocan el objetivo muy lejos y, por lo tanto, no logran insertar los aros al lanzarlos. Los buenos empresarios, en cambio, sitúan el objetivo más allá de lo que lo hace la mayoría de la gente, pero no tan lejos como para no insertar los aros.

Los empresarios exitosos abordan sus objetivos de la misma manera que el juego de lanzamiento de aros. La gente con una buena dosis de la competencia de orientación hacia el logro trata de obtener retroalimentación precisa respecto a su desempeño. Como continuamente quieren encontrar la forma de mejorar, preguntan: «¿Lo estoy haciendo bien o necesito ajustar algo?». Estas personas son aprendices organizacionales, les agrada trabajar con gente que siempre encuentra el modo de actuar mejor y disfrutan del proceso por el que tienen que pasar para superar los obstáculos.

El impulso de lograr objetivos es un indicador de la eficiencia de los gerentes y dirigentes.[3] Los ejecutivos extraordinarios establecen metas, mantienen un registro de su desempeño y saben qué pasos deben tomar. La orientación hacia el logro es un indicador del éxito en trabajos que implican vender, por ejemplo, donde hay una meta numérica una retroalimentación continua que te permiten evaluar tu actuación y modificar tu estrategia de acuerdo con lo aprendido.[4]

Si la orientación hacia el logro se combina con la competencia de actitud positiva y el autocontrol emocional, el resultado es algo similar a lo que en inglés se ha denominado *grit*, es decir, la tenacidad que le permite a una persona alcanzar objetivos a largo plazo, a pesar de los obstáculos y los inconvenientes.[5]

La competencia de orientación hacia el logro en un equilibrio adecuado es una habilidad esencial para los líderes en todos los niveles de una organización. En esta sección, mis colegas compartirán información de sus áreas de experiencia respecto a cómo funciona esta habilidad, por qué es relevante y cómo la puedes desarrollar.

Nuestro cerebro y la orientación hacia el logro

RICHARD J. DAVIDSON

Los neurocientíficos[6] saben mucho sobre la orientación hacia el logro, pues han analizado el nivel de activación de las regiones prefrontales izquierda y derecha del cerebro de gente a la que no se la ha pedido que haga algo en particular. La región prefrontal es la zona que se encuentra justo detrás de la frente, y resulta que las personas con una activación mayor del lado izquierdo tienen una actitud más positiva. También es gente que se esfuerza por lograr cosas de una manera más específica, más gozosa. Cuando pensamos en las metas, en nuestra mente se crea una representación de una posibilidad futura y se organiza el comportamiento necesario para llegar a ese punto. Para poder hacer eso necesitamos contar en nuestra mente con este dispositivo que permite generar esa posibilidad futura. La corteza prefrontal es de especial importancia para ello y tiene todo lo necesario para esta misión. Es la parte del cerebro que nos permite involucrarnos en lo que llamamos «viaje mental en el tiempo», un fenómeno que nos ayuda a «probar» la posibilidad y averiguar cómo se siente.

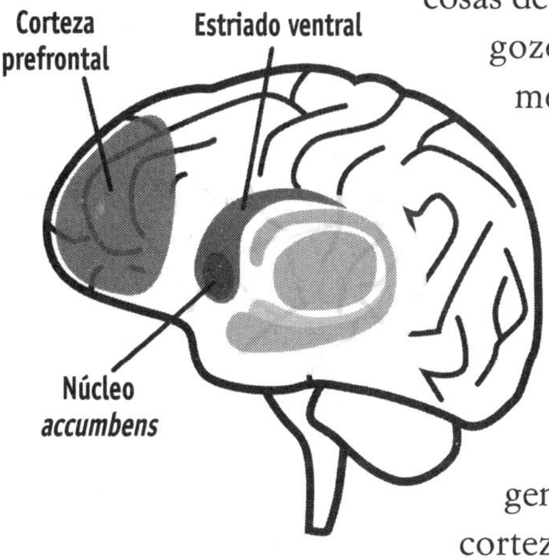

Hace poco se hizo un descubrimiento importante: el área de la corteza prefrontal relacionada con los logros está conectada con una zona que se encuentra debajo de esa misma corteza y está muy involucrada en la emoción positiva. Se llama «estriado ventral».[7] Asimismo, dentro de este hay una región específica llamada núcleo *accumbens*, la cual, además de ser rica en dopamina, el químico cerebral que nos hace sentir bien, está muy implicada en la emoción positiva.

En pocas palabras, el circuito que conecta la parte del cerebro que nos hace sentir bien con la parte que se enfoca en la acción también parece activarse cuando pensamos en nuestros objetivos.

¿Qué se interpone y nos impide desarrollar la orientación hacia el logro? Tenemos razones para creer que el lado derecho de la corteza prefrontal participa más en ciertos tipos de afecto negativo; en particular podría estar implicado en el comportamiento inhibitorio o estrategia «bloqueadora». Un ejemplo de un comportamiento inhibitorio es cuando renunciamos a hacer algo si las cosas no funcionan de inmediato. Hay una diferencia fundamental entre dos tipos distintos de personas, quienes persisten y quienes son más proclives a caer en la impotencia. La activación prefrontal del lado izquierdo se relaciona con la perseverancia. Por otra parte, la impotencia o imposibilidad de ser persistentes tal vez no sea tanto una activación del lado derecho, sino más bien la incapacidad del lado izquierdo de activarse.

Cómo desarrollar la orientación hacia el logro

¿Cómo podemos desarrollar las partes de nuestro cerebro que se enfocan en alcanzar metas? Esto es posible con varias formas de terapia. La terapia de activación comportamental, por ejemplo, nos muestra que el simple hecho de actuar suele bastar para activar esta red. Las pequeñas acciones realizadas de manera constante pueden servir como precursoras de algo más. Si quieres mejorar tus habilidades de gestión del tiempo, por ejemplo, el simple hecho de programar una alarma para que suene cada hora y te recuerde que tienes que descansar de lo que estés haciendo en ese momento, o revisar tu lista de prioridades y ver si estás realizando esas tareas, te permitirá avanzar hacia tus metas. La activación regular de nuestro cerebro nos ayuda a desarrollar las habilidades de esta y otras competencias.

Para tener más claridad respecto a los objetivos a largo plazo, puedes visualizar cómo sería tu vida ideal en diez o quince años. En especial, dedica algún tiempo a pensar lo que estarás haciendo, el impacto o legado que habrás creado y qué hiciste para llegar ahí. Tener un panorama claro de las metas es una especie de combustible para la orientación hacia el logro.

Desarrollo de un impulso equilibrado respecto al logro

RICHARD BOYATZIS

¿Qué sueles hacer para recrear tu camino hacia el futuro? ¿Hasta qué punto cuentas con una intención subyacente de siempre desear ser mejor? En términos de comportamiento, la noción de «siempre desear ser mejor» nos habla de una persona que compite no necesariamente con los otros, sino con un estándar de excelencia.

Algunas personas pueden hacer esto con algo tan simple como prestar atención a cuánto tiempo les lleva empezar a trabajar, y tratar de ir acortando ese periodo cada vez más. Otras necesitan esforzarse de manera continua por aprender a responder con mayor presteza a las necesidades de un comprador, cliente o paciente, y desear ser mejores en ello.

La orientación hacia el logro es esencial para alcanzar un objetivo a corto o largo plazo, un objetivo de vida. Esta competencia es una de esas características que nos ayudan en muchos aspectos de la vida, no solo en nuestro empleo. En términos laborales, sirve de manera consistente en áreas como ventas, ingeniería y la Tecnología de la Información (TI). También te sirve para desempeñar puestos de liderazgo. Sin embargo, cuando estás en una posición de tipo directivo o de liderazgo, la orientación hacia el logro empieza a tener un beneficio menos generalizado. Muy a menudo, si estás en un puesto de este tipo y muestras demasiada orientación hacia el logro, terminas insertándote a ti mismo en tu papel en lugar de inspirar a quienes te rodean. Gracias a la investigación hemos descubierto que la motivación para el logro nos ayuda hasta cierto punto, pero luego empieza a interponerse en el camino. A lo largo de veinte años dimos seguimiento a ciertos ascensos y constatamos que la motivación para el logro es un indicador del ascenso al nivel medio de administración hasta el octavo año, pero luego se vuelve un indicador de lo opuesto en el caso del ascenso hacia los niveles ejecutivos.[8]

La orientación hacia el logro genera una gran paradoja. Es muy útil cuando tienes objetivos positivos, pero si permaneces en ese estado frenético todo el tiempo y tratas de obligar a otras personas a que sigan el mismo paso, puedes convertirte en un líder tóxico. A las personas con motivación elevada les gusta hacer todo el trabajo por sí mismas y suelen controlar hasta las tareas más triviales porque están convencidas de que ellas pueden hacerlas mejor. Como son menos propensas a trabajar en equipo y prefieren el individualismo, con frecuencia se les ve pasando por encima de todos los demás. De manera equivocada, a veces se les califica como personas hambrientas de poder. El problema es que ¡rara vez notan a aquellos sobre quienes están pasando! Paradójicamente, a pesar de que la orientación hacia el logro te ayuda a alcanzar tus metas profesionales, también puede hacerte sentir infeliz, demasiado estresado e incapaz de apreciar y disfrutar del momento en que cumples las metas. La clave es averiguar cuándo debes usar esta competencia para impulsar tu trabajo y el de tu equipo, y equilibrarla con las otras competencias de la inteligencia emocional y social.

Para desarrollar la orientación hacia el logro, puedes aplicar una sencilla técnica. Establece una meta específica y mensurable, piensa cómo la vas a alcanzar, evalúate a ti mismo de manera regular y comprueba qué tal has hecho las cosas. Si, hasta cierto punto, ya tienes esta costumbre, te será bastante sencillo aplicar la técnica. Si todavía no piensas de esta forma, tal vez sea un proyecto intimidante, pero, con práctica y constancia, se irá facilitando.

La clave para desarrollar las 12 competencias del liderazgo con inteligencia emocional y social consiste en dar pequeños pasos, en hacer una o dos cosas durante la semana e intercalarlas en tu comportamiento habitual. Ese par de cosas debe generar un ambiente más propicio para que practiques. Quienes no son muy buenos para la orientación hacia el logro empiezan con un objetivo modesto. Por ejemplo, si tu trabajo te exige mantenerte al día con cierta información de actualidad en tu campo, pero a ti te cuesta trabajo encontrar un momento para hacerlo, no te fijes el objetivo de leer un manual técnico completo cada semana. Mejor proponte leer un capítulo por semana y programa tiempo para hacerlo durante todo un mes.

Es muy fácil perder de vista nuestras aspiraciones y no darnos cuenta de que todo lo que hacemos a diario nos acerca a esas metas, nos mantiene en posición neutral o nos lleva a la dirección contraria. También somos más propensos a lograr las cosas cuando tenemos una visión clara de lo que deseamos. A menudo, trabajar con un *coach* para recordar tus objetivos y explorar tu visión de la situación ideal se vuelve una especie de catalizador que te sirve para incluir en tu rutina diaria las acciones que necesitas implementar para llegar adonde quieres.

El equivalente grupal de la orientación hacia el logro

Vanessa Druskat

Después de extensas investigaciones, mis colegas y yo descubrimos que la competencia individual de la orientación hacia el logro tiene un equivalente grupal, el cual es esencial para separar a los equipos de alto desempeño y a los de desempeño promedio. Esto lo hallamos en un estudio en el que examinamos patrones comportamentales, es decir, normas del equipo, en equipos autogestionados de manufactura.[9] Queríamos averiguar qué era lo que los mejores equipos hacían distinto a los otros. Este modelo de investigación lo aprendí de David C. McClelland, mi mentor, y es una manera útil de aprender a formar mejores equipos. Lo que averiguamos respecto a las características individuales de los integrantes y los comportamientos grupales contiene importantes lecciones para todo líder o miembro de un equipo de trabajo. Para que comprendas estas lecciones integralmente, te contaré cómo llevamos a cabo la investigación.

En la planta de manufactura que examinamos había 150 equipos autogestionados, esto es, sin un líder formal. El liderazgo lo compartían todos los integrantes o, al menos, eso fue lo que creímos hasta antes de empezar el estudio. Usamos tres criterios para identificar una muestra de los equipos con más alto desempeño de la planta y luego los comparamos con una muestra de equipos promedio. Los criterios fueron: 1) indicadores objetivos de desempeño (por ejemplo, cifras de producción y evaluaciones de calidad); 2) nominaciones realizadas por los integrantes del equipo, y 3) nominaciones hechas por los directores de nivel superior.

Descubrimos que uno de los patrones de comportamiento que

los equipos de alto desempeño exhibían con mucha más frecuencia y de manera más significativa era el equivalente grupal de la orientación hacia el logro. Denominamos a ese patrón «orientación hacia el desempeño». En este patrón de comportamiento, todos los integrantes de los equipos realizaban un esfuerzo discrecional de distintas formas: con el objetivo de producir mayores cantidades de producto y hacerlo de mayor calidad, trabajaban con más ahínco y más tiempo de lo que su empleo exigía; enfocaban su atención en cumplir con las expectativas de calidad de los clientes más de lo que lo hacían los otros equipos, y abordaban los asuntos de seguridad con más seriedad, lo cual era una exigencia importante en la planta. En resumen, los mejores equipos compartían la visión y el deseo de tener un buen rendimiento y trabajaban en conjunto para lograr su objetivo. Los equipos de desempeño promedio trabajaban el día entero porque, después de todo, su rendimiento era bueno, pero no llevaban a cabo labores adicionales ni acciones coordinadas que generaran un trabajo por encima del requerido. ¿Por qué habrían de hacerlo si no les iban a pagar más? Pero, entonces, ¿por qué los equipos de más alto desempeño se esforzaban tanto?

Para responder a estas preguntas examinamos con más cuidado lo que estaba sucediendo en ambos tipos de grupos.[10] Queríamos saber si los integrantes de los equipos promedio solo tenían una menor orientación hacia el logro. Con base en una corazonada, también examinamos las orientaciones en cuanto a relaciones de los integrantes. Volvimos a los datos y, en esta ocasión, haciendo uso de una adaptación del esquema de codificación para motivos de logro y afiliación de David C. McClelland, estudiamos el comportamiento individual de los integrantes, así como las acciones coordinadas.

Nos sorprendió descubrir que los equipos de desempeño promedio contaban con bastantes integrantes con una elevada orientación hacia el logro, quienes expresaban su deseo de tener un desempeño mejor, ser más rápidos, etc. De hecho, manifestaban estos deseos con mucha mayor frecuencia que los integrantes de los equipos de alto desempeño. En los equipos promedio también había bastantes integrantes mucho más orientados a la afiliación que los de los equipos de alto desempeño, además de que mostraron y expresaron el deseo de forjar relaciones recíprocas en el equipo. No obstante, no eran capaces de transformar sus motivos y deseos en acciones coordinadas grupales. Este segundo análisis volvió a reflejar que los mejores equipos tenían comportamientos coordinados, orientados hacia el desempeño y el logro, los cuales mejoraban la eficiencia y la calidad. También realizaban más acciones recíprocas orientadas hacia las relaciones, tenían conversaciones en las que se notaba lo bien que se conocían e incluso disfrutaban de la compañía de los otros. Esto, sin embargo, no quiere decir que no hubiera tensiones o conflictos entre. Tanto los integrantes de estos equipos como los de los equipos promedio tenían desacuerdos y algunas interacciones tensas. ¿Cómo es posible que los integrantes de los equipos de mayor cumplimiento pudieran tomar su orientación al logro y transformarla en orientación hacia el desempeño y en mayores niveles de desempeño grupal?

Para responder a esta pregunta volvimos a la información que teníamos,[11] pero también recolectamos más datos.[12] Nos daba la impresión de que, aunque estos equipos autogestionados no contaban con líderes formales, tal vez tenían líderes informales o emergentes. Los líderes informales son integrantes que surgen y resultan ser más influyentes que el resto. Les pedimos a cuatro colegas que observaran videos de nuestros equipos interactuando, que nos dijeran si había líderes informales en ellos y, en ese caso, quiénes eran. Los votos confidenciales estuvieron de acuerdo en un 98% del tiempo. Detectar a las personas más influyentes en un equipo no es muy difícil porque los integrantes suelen hacer lo que estos dicen y realizar un esfuerzo extraordinario por escucharlos cuando hablan.

Luego estudiamos el comportamiento de los líderes informales. Nos fijamos, por ejemplo, en las cosas que hacían y decían. También estudiamos la manera en que sus acciones y palabras afectaban al equipo. Descubrimos que, a diferencia de lo que sucedía en los equipos promedio, en los de alto desempeño los líderes informales se enfocaban mucho en formar una norma de equipo (patrones comportamentales) a la que denominamos «entendimiento interpersonal». En esta norma los integrantes realizan acciones para conocer mejor las perspectivas, necesidades, competencias y los sentimientos de los otros. Dicho de otro modo, unos y otros se solicitan información de forma activa. En nuestro estudio, esta información se relacionaba sobre todo con las tareas (con el conocimiento, la experiencia, las preferencias y los puntos de vista), pero a veces también era más personal (sobre la familia o los pasatiempos). Los líderes informales en los equipos promedio se enfocaban menos en aprender sobre los integrantes, mientras que estos no parecían tomarse el tiempo necesario para conocerse entre sí o averiguar acerca de las necesidades, preferencias y puntos de vista de los demás.

En este estudio también descubrimos que el comportamiento del líder enfocado en el entendimiento interpersonal se relacionaba con el desempeño del equipo de dos maneras. La primera afectación tenía lugar debido a un incremento de confianza en el grupo. Específicamente, al calificarse a sí mismos, los miembros de equipos con líderes informales enfocados en el entendimiento interpersonal dijeron confiar mucho más en sus compañeros y en el equipo en general. En el segundo caso, el desempeño se veía afectado debido a niveles más altos de comunicación franca y honesta (es decir, no tener miedo de compartir con el equipo tus opiniones reales). De nuevo, los integrantes de equipos con líderes informales enfocados en el entendimiento interpersonal se calificaron como personas más propensas a participar en esta comunicación franca y honesta en su equipo. La confianza en el equipo y la comunicación abierta se relacionaban de manera directa con un desempeño grupal más elevado. En otras palabras, la confianza y la comunicación aumentaban la orientación hacia el desempeño del equipo.

En dos estudios subsecuentes realizados con estudiantes autogestionados de maestría en Administración de Empresas,[13] descubrimos resultados similares que nos ayudaron a unir algunas nuevas piezas del rompecabezas. Aquí descubrimos que la empatía del líder informal del equipo, de acuerdo con la medición de «las calificaciones de otros» del Inventario de Competencias Emocionales (ECI, por sus siglas en inglés) de Goleman y Boyatzis,[14] era el mayor indicador de si un equipo llegaría a forjar una norma de entendimiento interpersonal. Esta norma se relaciona con la sensación de seguridad y apego que sienten los integrantes por el equipo, la cual, a su vez, parece producir niveles más elevados de desempeño grupal.[15]

En este caso volvimos a medir la competencia de orientación hacia el logro del líder informal, también medida por «las calificaciones de otros» en el ECI. Descubrimos que se relacionaba directamente con la disposición del equipo a reflejar y mejorar sus acciones y procesos para tener un mejor desempeño (norma a la que denominamos «autoevaluación del equipo»), así como con su disposición a actuar de manera proactiva para resolver problemas que podrían dañar el desempeño (norma a la que denominamos «resolución proactiva de problemas»). Ambas normas producen un mayor desempeño en los equipos.

Lecciones que aprendieron los líderes y los integrantes de los equipos

Para concluir, nuestra larga investigación nos mostró que, incluso en equipos con integrantes de alto desempeño, la fuerte motivación por el logro en el líder no bastaba para forjar la orientación hacia el desempeño del equipo y, por lo tanto, para convencer a sus miembros de realizar de manera constante un esfuerzo adicional, acciones coordinadas, e involucrarse en el tipo de comunicación abierta necesaria para alcanzar los niveles más altos de desempeño. Los integrantes también necesitan líderes a los que les interese forjar relaciones que abran canales de comunicación y aumenten el apego entre ellos y al equipo. Todo esto también exige que el líder muestre empatía, la cual insta al grupo a desarrollar una norma de entendimiento interpersonal. El entendimiento interpersonal forja el apego porque es una norma, no una acción ni un proceso realizado en una sola ocasión. En su calidad de norma, modifica la cultura y el entorno del equipo. Hace que el desarrollo de las relaciones se vuelva un proceso reforzado de manera continua. Los académicos que estudian las relaciones nos dicen que estas solo pueden mantenerse si se construyen con constancia, si se conservan y, de ser necesario, se reparan. Cada instante de contacto entre los integrantes del equipo produce información sobre esa relación.[16]

Nos ha quedado claro que los líderes de los equipos necesitan aprender que su impulso hacia el logro no es suficiente para construir equipos de alto desempeño. También deben cultivar una «salsa secreta» llamada empatía. Cuando la orientación hacia el logro viene acompañada de la empatía del líder, los equipos son más propensos a formar una norma de entendimiento interpersonal, la cual aumenta la confianza, la comunicación abierta y el apego de los integrantes al grupo. Esto conduce a un esfuerzo adicional y a una coordinación que fomenta niveles más elevados de desempeño grupal.

Conclusión

DANIEL GOLEMAN

Aquí tenemos el ejemplo de alguien que contaba con impulso para el logro y tuvo mucho éxito. Se trata de un innovador en el área de la tecnología que tenía el prototipo de un nuevo producto que había desarrollado. Era lo que ahora conocemos como cajero automático. A pesar de que el individuo solo estaba en la etapa de un prototipo, consiguió un contrato con un banco internacional para proveerle el producto. Al ver que el contratista entregaba a tiempo los cajeros, el personal del banco se quedó sorprendido porque todos pensaban que no podría cumplir con el contrato debido al periodo tan corto entre la presentación del prototipo y la fecha de entrega. El contratista había corrido un «riesgo inteligente», dio un salto que a otros les parecía muy arriesgado, pero él sabía que podría alcanzarlo.

No importa en qué área trabajes, contar con un impulso equilibrado hacia el logro puede hacer que las cosas sucedan. Como pasa con todas las competencias de la inteligencia emocional y social, el impulso hacia el logro puedes aplicarlo si desarrollas la habilidad necesaria para hacerlo. En el caso de algunas personas, esto significa ser más hábil en la identificación de metas y el trabajo necesario para alcanzarlas. En el caso de otras, implica reconocer cuándo tu fuerte impulso hacia el logro es útil y cuándo necesitas equilibrarlo con otras competencias para conseguir el nivel más alto de eficacia en tu trabajo. ¿No estás seguro de tener el equilibrio adecuado? Organiza una conversación con algunos colegas en quienes confíes y habla de esta y de las otras competencias de la inteligencia emocional, o trabaja con un entrenador y realiza una evaluación exhaustiva tipo 360 grados para que haya una retroalimentación honesta.

5

ACTITUD POSITIVA

Elementos básicos

Introducción

Daniel Goleman

La actitud positiva es la habilidad de ver lo positivo en la gente, las situaciones y los sucesos. Dominar esta competencia significa ser persistente cuando uno trata de alcanzar una meta y se enfrenta a contratiempos y obstáculos, así como ver también oportunidades en situaciones en las que otros verían limitaciones devastadoras, al menos para ellos. Del mismo modo, significa esperar lo mejor de los demás. Es una visión que te hace ver el vaso medio lleno y te lleva a creer que los cambios que se presenten en el futuro serán para bien.

Larry David es una popular estrella de la televisión estadunidense. Un día asistió a un partido de beisbol en el estadio de los Yankees, en Nueva York, y se unió a los otros cincuenta mil aficionados que estaban ahí. En algún momento del partido se escuchó una sirena y las cámaras mostraron su imagen en la enorme pantalla Jumbotrón. Las cincuenta mil personas se pusieron de pie y vitorearon. Así de popular es Larry David. Después del juego, sin embargo, mientras caminaba por el parking, alguien pasó junto a él en su coche y le gritó: «Larry, ¡apestas!». ¿Qué llevó a esa persona a decir algo así? ¿Por qué lo hizo? Larry no podía dejar de pensar en ello.

Lo que le hacía falta a esa estrella de la televisión era la competencia de la actitud positiva. En una misma tarde había recibido una ovación por parte de miles de personas y el comentario negativo de una sola, pero él solo podía enfocarse en el segundo.

Te daré algunos datos sobre la actitud positiva. Las investigaciones muestran que esta competencia suele producir emociones muy beneficiosas.[1] A su vez, incontables estudios indican que las emociones positivas conducen a un mejor desempeño, mayor lealtad, más motivación y un extraordinario servicio al cliente.[2] En cambio, el pesimismo y las emociones negativas, como la ira, el miedo y otras similares, suelen generar un desempeño mediocre, desinterés y la necesidad de sustituir empleados con mucha frecuencia. Entre los otros beneficios que se suman a la lista de las emociones positivas se encuentran una mejor salud, mayor disfrute de la vida, capacidad de reponerse a los contratiempos y creatividad.

Luego tenemos el contagio emocional positivo, es decir, la manera en que los buenos sentimientos se propagan en un grupo de la forma más contundente, del líder hacia fuera.[3] Esto propicia una cultura emocional positiva que no solo mejora el estado de ánimo de todos, sino también su eficiencia y el clima de trabajo en general. Para un equipo, esto significa una mejora en la cooperación, menos conflictos y un destacado desarrollo de las tareas. Un investigador de la Universidad de Carolina del Norte lo resume de este modo: «La gente que experimenta y expresa emociones positivas con más frecuencia es más resiliente, ingeniosa, está mejor conectada en el aspecto social y es más propensa a funcionar a niveles óptimos».[4]

Saber lo que sucede en nuestro cerebro cuando sentimos las distintas emociones nos puede ayudar a entender mejor cómo funciona la inteligencia emocional.

La ciencia cerebral detrás de la actitud positiva

RICHARD J. DAVIDSON

Los neurocientíficos han estudiado la actitud positiva de manera extensa e incluso han analizado lo que sucede en nuestro cerebro cuando no se nos indica hacer algo en particular. La región prefrontal es la zona del cerebro que se encuentra justo detrás de la frente. Hemos descubierto que la gente que suele tener una actitud más positiva tiene más activación del lado izquierdo de esta región.[5]

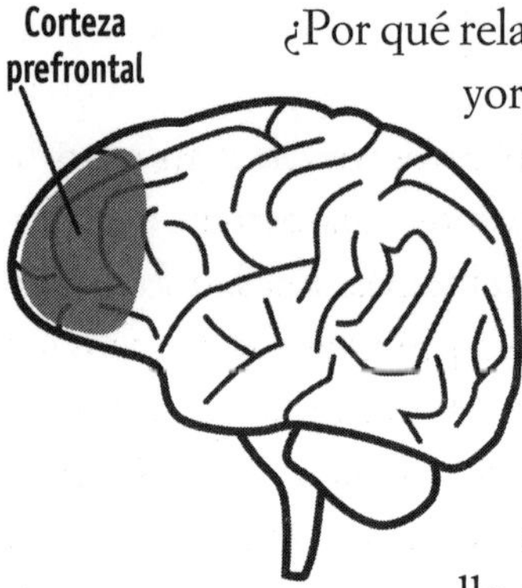

¿Por qué relacionamos al lado izquierdo con una mayor positividad? Hay una gran cantidad de literatura científica que habla de esto,[6] sin embargo, todavía debemos llegar a un entendimiento preciso de por qué sucede así. Hemos especulado respecto a muchas razones posibles, pero no hemos descubierto el porqué. Sabemos que durante el desarrollo de un niño o una niña, cuando empieza a hablar, suele nombrar las cosas, en especial las que se encuentran en su entorno inmediato. Al nombrar las cosas, se interesan en ellas, y cuando se interesan en ellas, las señalan y tratan de alcanzarlas. Es una orientación de aproximación. Los niños tratan de tomarlas con su mano derecha y nombran el objeto al mismo tiempo. Con frecuencia sonríen al hacerlo porque suele tratarse de algo positivo o interesante.

«Mami» es el ejemplo prototípico de lo que el niño trata de alcanzar. Este es un comportamiento de aproximación orientado a lo positivo, por lo que tenemos muchas razones para pensar que el lado izquierdo de la corteza prefrontal es la zona de confluencia donde eso ocurre. Es el núcleo porque está conectado con la corteza premotora, la cual, a su vez, participa en el acto de tratar de alcanzar. También se encuentra en una posición adyacente al área de Broca, es decir, la zona del habla, y está conectada a ella. Esto significa que la corteza prefrontal izquierda se encuentra en un núcleo geográfico donde muchas actividades distintas convergen.

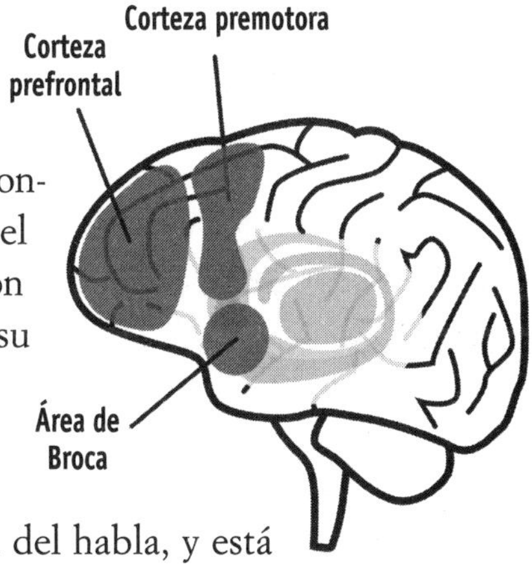

Desarrollar nuestro cerebro para enfocarnos en lo positivo

¿Cómo podemos desarrollar las áreas del cerebro que se enfocan en lo positivo? Aunque hay estrategias que activan la corteza prefrontal, no sabemos hasta qué punto son selectivas del lado izquierdo. Sabemos que, con el tiempo, ciertas prácticas de la atención consciente o *mindfulness* dan como resultado un aumento en la activación prefrontal.[7] La corteza prefrontal es importante para la actitud positiva, pero también para la atención y la regulación de la emoción; cuando la fortalecemos, tiene un efecto sobre toda una serie de competencias.

La meditación basada en la atención consciente es una forma de entrenamiento de la atención que implica practicar la capacidad de estar consciente, de no dejarse llevar por los impulsos. Te ayuda a ser más positivo porque reduce el poder de distracción de lo negativo.

Intenta esto: programa el cronómetro de tu teléfono móvil entre tres y diez minutos, dependiendo de cuánto tiempo tengas, o incluso más si así lo deseas. Empieza por adoptar una postura cómoda, siéntate con la columna recta. En esta práctica puedes cerrar los ojos o solo bajar la mirada. Respira profundo varias veces mientras reúnes los hilos de tu atención, luego fíjala en el flujo natural de tu respiración, dirígela hacia su cadencia natural y espontánea. Enfócate en la inhalación y la exhalación al respirar y deja todo como se encuentra. En la neurociencia nos referimos a esto como interocepción. En cuanto notes que tu mente se desvía hacia pensamientos y/o emociones, solo conduce de nuevo tu enfoque a la respiración. De hecho, cada vez que descubras a tu mente vagando, abandona tu pensamiento y trae la atención de vuelta a la respiración. Al dedicarnos a este tipo de entrenamiento mental de manera constante y durante periodos significativos, podemos aumentar la activación prefrontal de nuestro cerebro. Si nunca has practicado este tipo de entrenamiento mental, podrías considerar inscribirte en un programa formal de meditación. Hay muchos en modalidad presencial y en línea. Asegúrate de que sea un programa cuyos instructores cuenten con suficiente práctica en las técnicas de meditación y/o tengan conocimientos sólidos en la técnica.

La actitud positiva en los equipos

VANESSA DRUSKAT

Desarrollar equipos de alto rendimiento exige generar intangibles como la confianza. Estos intangibles no los puedes propiciar instando a la gente a hacer las cosas o dando órdenes. Aunque la generación de la actitud positiva es uno de estos intangibles, los resultados que nos ofrece son más bien tangibles. Las investigaciones realizadas con equipos[8] e individuos[9] muestran que las expectativas positivas estimulan el comportamiento y las interacciones interpersonales que ayudan a que dichas expectativas se realicen por el simple hecho de haberse producido. Por ejemplo, la actitud positiva de un equipo respecto a las probabilidades de cumplir sus metas aumenta la cooperación entre los integrantes porque ellos mismos saben que ese esfuerzo conjunto será una buena inversión de tiempo y energía. En los lugares de trabajo de la actualidad, el tiempo y la energía son recursos escasos, lo que hace que este intangible sea indispensable para el éxito del equipo.

En una ocasión, a mis colegas y a mí nos contactó un líder que reconocía que los miembros de su equipo no cooperaban lo suficiente para cumplir con las apretadas fechas límite que permitirían que su proyecto fuera exitoso. Cuando hablamos con los integrantes, nos resultó obvio que no estaban convencidos de que el proyecto pudiera tener éxito. Como nadie quería que lo culparan del fracaso, todos se aferraban a sus recursos e información y enfocaban sus esfuerzos en lo que podían controlar, como su propio grupo aislado, lo que se llama «silo». De esa forma, si el proyecto del equipo fracasaba, nadie podría señalar a nadie de manera individual y decir que fue su culpa. No es sorprendente, pues nuestro cerebro analiza constantemente la información que le llega para hacer predicciones que nos ayudarán a priorizar las acciones más adecuadas a nuestras necesidades,[10] y entre esa información se encuentra la emoción. Como la emoción es tan importante para estos cálculos, la actitud positiva y la sensación de confianza en el equipo influyen en las decisiones de los integrantes, incluyendo en la decisión de tener el comportamiento cooperativo y colaborativo necesario para los niveles más elevados del desempeño grupal.

Pero, entonces, ¿cómo puede un líder construir la actitud positiva intangible que fomenta el trabajo en equipo y el desempeño? En su análisis del continuo trabajo colaborativo e innovador realizado por los equipos en empresas como Pixar, Google o eBay, Linda Hill descubrió que estos intangibles eran resultado del enfoque del líder en crear un entorno, como lo sería una comunidad con una noción compartida de propósitos, valores y reglas claras de participación o normas que permitan que los valores se transformen en hábitos. Este punto de vista concuerda con la visión que presentamos en nuestra teoría de la inteligencia emocional: el liderazgo de un equipo implica la construcción de un entorno.[11]

Nuestras propias investigaciones[12] ahondan un poco más para recomendar las reglas de la participación, es decir, las normas del equipo que fomentan la actitud positiva. Hemos identificado dos normas que generan una noción de eficacia grupal, la sensación positiva de que el equipo logrará sus objetivos. Estas normas consisten en satisfacer la necesidad social que tienen los integrantes de compartir un entendimiento respecto a su realidad como grupo y de controlar dicha realidad. A esta primera norma la hemos denominado: creación de un ambiente afirmativo. Aunque el equipo busca de manera continua identificar y reconocer sus problemas, esta norma o regla informal sugiere yuxtaponer esto con una producción de esperanza y optimismo preguntándose cosas como: «¿Qué es lo positivo de esta situación? ¿Qué podemos controlar? ¿Cómo mantenemos una actitud tipo 'sí podemos'?». Los equipos siempre van a enfrentar problemas porque los presupuestos sufren recortes, algunos integrantes se van y las fechas límite de entrega se acortan. Los integrantes necesitan ser capaces de hablar de estos problemas, pero también necesitan hacerse el hábito de detenerse un momento y preguntarse: «De acuerdo, ¿cuál es la mejor manera posible de avanzar?».

Si los integrantes del equipo lo buscan, encontrarán algo por lo cual sentirse positivos, pues siempre hay una razón para tener esperanza. Hablar de esta esperanza puede ser una forma muy vigorosa de forjar una comunidad confiada en su habilidad de trabajar en equipo para ser eficaz.

En nuestra investigación sobre los equipos de alto desempeño identificamos una segunda norma que también contribuye a la actitud positiva y a la sensación de eficacia grupal. A esta norma la denominamos resolución proactiva de problemas. Esta poderosa norma tiene dos partes. La primera requiere que, de manera habitual, se anticipen las dificultades antes de que se presenten. ¿Qué podría salir mal? ¿Qué acciones llevará a cabo cada uno si las cosas salen mal? Esta acción ofrece a los integrantes una comprensión compartida de la verdadera realidad presente del equipo, así como una sensación de control y la confianza de que los miembros pueden actuar con resiliencia y reaccionar si se presenta un problema.

La segunda parte de la norma de resolución proactiva de problemas implica hacer que la gente entre con rapidez a una sala de juntas para tomar una decisión y actúe de manera resuelta cuando ocurra algún imprevisto. En nuestras investigaciones con los equipos de alto rendimiento descubrimos que cuando surgen los problemas, la indecisión puede destruir la sensación de control y la actitud positiva de un grupo. Por supuesto, siempre ayuda que el equipo haya establecido un proceso para tomar decisiones cuando las cosas salgan mal y definir quién necesita ayudar a tomar decisiones en situaciones difíciles. Los equipos que implementan esta norma no esperan a que un problema se complique y crezca. La esperanzadora actitud optimista, aunada a la norma de anticipación de problemas y a la capacidad para atenderlos en cuanto surjan, produce una vigorosa sensación de eficacia al equipo.

¿Cómo puede un equipo desarrollar estas normas y, por lo tanto, una actitud positiva? Por lo que pudimos averiguar, algo que ayuda es que algunos integrantes específicos se conviertan en «campeones» de cada una de las nueve normas de nuestro Modelo de Inteligencia Emocional para equipos. Recomendamos que para esta dinámica la gente trabaje por parejas y luego estas decidan cómo se proponen hacer cumplir y reforzar la norma hasta que se convierta en un hábito para todos los integrantes. Una posibilidad es que cuando el grupo empiece a «hablar con pesimismo», alguien de una pareja intervenga y les recuerde a los miembros del equipo las cosas positivas que han hecho en el pasado o por qué están haciendo lo que hacen ahora. Por ejemplo, en los equipos de desarrollo de fármacos con que trabajamos, los «campeones» le recordaban al equipo los éxitos alcanzados e instaban a los integrantes a no olvidar que estaban facilitando la diferencia en la vida de personas con una enfermedad debilitante. Otro de los campeones, por ejemplo, salía del laboratorio, hablaba con los pacientes en cuya vida el equipo había tenido un impacto y luego regresaba a contarles las anécdotas a los integrantes.

No importa si eres líder o integrante del equipo, siempre puedes monitorearte a ti mismo para asegurarte de que tu comportamiento y actitud respaldan la norma y tienen un impacto positivo en el grupo en lugar de afectarlo y hacer que se desplome. Estar atento a tu propio estado mental y asegurarte de tener una actitud positiva te permite vigorizar el denominador común de la emoción en los equipos de los que formas parte.

Actitud positiva: más allá de lo obvio

Daniel Goleman

A veces la gente cree que animar a alguien a que tenga una actitud positiva significa decirle una frase simplona como: «No te preocupes, todo estará bien». Yo insto a las personas a tener una visión más matizada de la competencia de la actitud positiva. A continuación te daré datos tomados de la literatura especializada en el tema que te ayudarán a reflexionar y aplicar la actitud positiva de manera más eficaz en tu trabajo y en la vida.

Las definiciones importan

Los investigadores que estudian el optimismo lo han analizado desde dos perspectivas. La primera es la del estilo optimista explicativo y la segunda es la del optimismo disposicional.[13] Martin Seligman y sus colegas de la Universidad de Pensilvania desarrollaron la perspectiva del estilo explicativo. Analizaron tanto a gente que se rendía y se sentía impotente al enfrentar circunstancias difíciles, como a quienes nunca se rendían, incluso ante sucesos estresantes que no podían controlar. De manera específica, se preguntaron cómo explicaban esas personas las situaciones que iban encontrando.

Descubrieron que los que se rendían tenían un estilo explicativo pesimista. Se culpaban a sí mismos de las cosas malas que les sucedían, pensaban que su situación nunca cambiaría y creían que las cosas malas tenían consecuencias globales. En cambio, la gente que no se rendía ni se sentía impotente tenía un estilo explicativo optimista. Creían que las circunstancias adversas mejorarían y que eran casos específicos que no tenían necesariamente un impacto en otros aspectos de su vida. Reconocían que los sucesos negativos se presentaban, pero no los veían como un indicador de que todo sería malo. Los investigadores descubrieron que la gente optimista confía en su capacidad para lidiar con situaciones estresantes.

La perspectiva del optimismo disposicional surgió de una investigación de Michael Carver, Charles Scheier y sus colegas.[14] Estos científicos basaron su noción del optimismo en la teoría de que las personas persiguen metas que son importantes para ellas y que se fijan objetivos que creen que pueden alcanzar y que en realidad esperan lograr. Asimismo, consideran que el optimismo y el pesimismo son más puntos de vista que explicaciones a situaciones específicas. Le preguntaron a la gente si esperaba que los sucesos en el futuro fueran favorables o desfavorables.

¿Por qué son importantes estas perspectivas disímiles? Si quieres cambiar tu visión y ser más positivo, deberías considerar responder estas preguntas: ¿Cuál es tu estilo explicativo? ¿Qué esperas en el futuro? ¿Cómo responde a estas preguntas la gente que te rodea?

Las situaciones importan

Otra manera de analizar el optimismo y el pesimismo consiste en ver cómo se usan estas perspectivas en la vida cotidiana, ya que ambas son formas de prepararnos para un futuro desconocido. El optimismo nos da confianza en nuestra habilidad para lidiar con lo incierto y perseverar hasta alcanzar nuestras metas. ¿Pero qué hay de las situaciones peligrosas? Si se escala un acantilado, el optimismo podría ayudar a algunos a alcanzar su objetivo, pero si la roca empieza a desmoronarse, demasiado optimismo podría hacerles elegir una ruta que ni siquiera el montañista más avezado podría conquistar. En ese caso, contar con algo de pesimismo sería más realista y seguro. En algunas situaciones, el pesimismo podría ayudar a templar la decepción de no lograr un objetivo. Este pesimismo defensivo podría servirles a algunos individuos a reducir su ansiedad y, al final, a obtener un mejor resultado.

Lo que la investigación nos muestra es que, en lugar de abogar por una perspectiva que privilegia el optimismo bajo cualquier circunstancia, tal vez sería más eficaz cultivar una actitud optimista general y templarla con un pesimismo realista.

Las diferencias culturales importan

Cuando leo la literatura producto de las investigaciones, me doy cuenta de que muchos de los estudios han sido realizados en Estados Unidos con gente de origen europeo, pero las culturas perciben el optimismo de maneras distintas. En mi libro *Working with Emotional Intelligence* reporté que en las investigaciones realizadas entre los ejecutivos de alto rango de una empresa internacional de alimentos y bebidas se encontró que el optimismo pronosticaba un desempeño estelar en Estados Unidos, no así en Asia o Europa. En algunos países europeos, la actitud de «sí se puede» es considerada demasiado temeraria o individualista. En Europa, lo que los estadunidenses ven como optimismo es considerado arrogancia.

Las normas culturales influyen en los valores y las perspectivas individuales, y los ejecutivos que trabajan en una cultura distinta a la suya se enfrentan a esto cuando tienen que decidir cómo operar de manera eficaz.

La actitud positiva es compleja

Tener en cuenta la definición, la situación y las diferencias culturales nos ayuda a ver que la competencia de la actitud positiva es más complicada de lo que parecería a primera vista. Te exhorto a que realices tu propia investigación sobre la manera en que la actitud positiva se despliega en tu trabajo y en la gente que te rodea y, a su vez, a que tengas en cuenta estas variables.

En resumen, la actitud positiva funciona mejor, pero vale la pena ser consciente de las condiciones en las que sería necesario contar con una dosis de pesimismo realista o, incluso, de humildad.

Estrategias prácticas para desarrollar la actitud positiva

Richard Boyatzis

Explicar la manera en la que se debe practicar la actitud positiva es sencillo, pero hacerlo desde el punto de vista emocional es algo muy difícil de lograr. Por esta razón, es necesario concentrarse en los beneficios: ¿qué de bueno podría salir de cierta situación? Pregúntate: «¿Qué es lo que me gustaría que sucediera? ¿Qué sentiría si ganara este premio? ¿Cómo me sentiría si terminara este proyecto a tiempo?».

Estas preguntas te permiten enfocarte en lo que en los deportes se llama visualización. Todos los grandes atletas, cada uno de los medallistas olímpicos, pasan muchas horas visualizándose a sí mismos. Durante las seis semanas previas a las pruebas olímpicas se visualizan compitiendo en ellas con la mayor cantidad de detalles posible. Aunque literalmente estén sentados en una silla, están practicando su deporte. Visualizar la actividad te permite entrenar una red neuronal; es como marcar un sendero en el bosque para poder correr rápido en él.

Con la actitud positiva te entrenas de forma activa para pensar en lo bueno de una situación, en lo que funciona y en los aspectos que aprecias de otras personas. Esto te permite empezar a sentirte atraído poco a poco hacia lo positivo sin esforzarte tanto. No significa que no veas lo negativo, sino que fortalecerás tu habilidad para concentrarte en lo positivo.

Intenta esto: la próxima vez que enfrentes un inconveniente en el trabajo o en casa, da un paso atrás y entrénate para encontrar el lado positivo de la situación o suceso. Evalúa el panorama y trata de identificar si hay algo benéfico que tal vez no estés viendo. Reflexiona y pregúntate qué tipo de invitación podría representar esto. Dicho de otra forma, ¿qué puedes aprender sobre ti mismo o las otras personas involucradas? Continúa probando y reflexionando hasta que logres ver más cosas positivas que negativas, incluso si eso implica actuar para cambiar la situación y añadirle un toque más favorable para todos los involucrados, incluyéndote.

A continuación te hablaré de varias acciones más que puedes realizar para desarrollar la competencia de la actitud positiva.

Reconoce los pequeños actos de amabilidad y sé recíproco. Por ejemplo, si alguien se ofrece a tomar notas en una reunión, a pesar de que no es parte de su trabajo, registra la acción y demuestra tu aprecio. O si el cajero o cajera de una tienda te sonríe mientras los demás ni siquiera hacen contacto visual, reconoce esta acción. Y, si puedes, responde de la misma manera.

Busca el lado positivo de las situaciones que parecen negativas. Si un cliente insatisfecho te hace perder una venta, por ejemplo, piensa que lo positivo es que obtendrás retroalimentación valiosa que te ayudará a mejorar tus productos en el futuro.

Conclusión

Daniel Goleman

Ahora te diré cómo se ve la competencia de la actitud positiva en acción. El empleo de un vendedor de seguros que apenas empieza en la empresa consiste en hacer llamadas telefónicas no solicitadas, solo elige a personas usando una base de datos, las llama y trata de venderles un seguro. La gente casi siempre le cuelga. Demasiadas personas en esta situación se sentirían impotentes y desesperanzadas, incluso se deprimirían y renunciarían, pero él no. Él tiene un récord de ventas extraordinario. ¿Qué tiene este vendedor que los otros no? Todo se resume en la actitud positiva. Este vendedor ve posibilidades, y cada vez que alguien le cuelga piensa: «¿Qué podría hacer distinto la próxima vez que haga una llamada?», y enseguida marca otro número y pone a prueba su idea. Esto lo mantiene vigorizado y contento, le permite seguir adelante y conseguir más ventas.

Sin importar cuál sea tu papel en la organización, la actitud positiva te puede ayudar a ti, y también a la gente con la que trabajas. Y, como sucede con todas las competencias de la inteligencia Emocional y Social, la actitud positiva es una habilidad que puedes desarrollar. La práctica te permitirá mejorar tu habilidad para ver lo positivo en situaciones que se presenten en tu trabajo y en los otros aspectos de tu vida.

6

EMPATÍA

Elementos básicos

Introducción

Daniel Goleman

Empatía significa tener la habilidad de percibir los sentimientos de otros y la manera en que ven las cosas, interesarse activamente en lo que les preocupa. Una persona empática identifica señales de lo que alguien más siente y piensa. La empatía te permite percibir emociones no expresadas de forma oral, así como escuchar con atención para entender el punto de vista de la otra persona y los términos en que piensa respecto a lo que está sucediendo.

Los líderes empáticos se llevan bien con gente de orígenes, contextos y culturas muy distintos, y pueden expresar sus ideas de manera que las otras personas lo entenderán. Empatía no significa analizar psicológicamente a alguien para poder manipularlo, sino conocer la mejor forma de colaborar con él o ella.

Piensa en esta situación: en una empresa de tecnología había una división de consultoría que contaba con un brillante analista de sistemas. Este individuo podía resolver problemas que dejaban mudos a otros, pero en una ocasión alguien dijo: «A este analista jamás podríamos dejarlo en una reunión con un cliente». ¿Por qué? Porque era alguien que nunca hablaba de trivialidades, nunca establecía contacto humano ni creaba vínculos con los clientes, vaya, ni siquiera les preguntaba cuál creían que era el problema con sus sistemas. En lugar de eso, solo se lanzaba de lleno a lo que él pensaba que sería la solución y ello alejaba a los clientes.

Lo que a este analista de sistemas le hacía falta era la competencia de la empatía.

Todos sabemos que la empatía es importante para nuestras relaciones personales, ¿pero por qué sería relevante en los negocios? Para trabajar de manera eficaz con otras personas necesitas empatía, en especial en ventas, gestión de clientes, en equipo y para ser líder. La empatía es el núcleo de las competencias del dominio del manejo de las relaciones de la inteligencia emocional, la base para competencias más complejas, entre las que se incluye influir o tener un impacto positivo en otras personas, entrenar o ser mentor, gestión de conflictos, aplicar el liderazgo inspirador y trabajar en equipo.

Mirar desde la perspectiva de otro es parte clave de la empatía. A los ejecutivos que son buenos en esto les va mejor en las misiones en el extranjero porque pueden detectar con rapidez las normas sobreentendidas para el comportamiento y los modelos mentales de la cultura a la que se enfrentan.[1] De acuerdo con investigaciones realizadas en el Center for Creative Leadership, la empatía pronostica un mejor desempeño laboral en gerentes o directores y en líderes.[2]

Cuando los ejecutivos se someten a pruebas exhaustivas de 360 grados para evaluar sus competencias de la inteligencia emocional, tienen que calificarse a sí mismos y permitir que otros los califiquen. Los que tienen empatía se asignan las mismas calificaciones que los otros les otorgan, en tanto que quienes tienen una brecha más amplia con la opinión de los demás parecen no notar sus propias debilidades.

Esto se debe al impacto de otra competencia: la autoconciencia emocional, base de la inteligencia emocional. Contar con una sólida autoconciencia emocional significa que también eres consciente de cómo te ven los otros, intuyes lo que piensan de ti y lo que sienten respecto a tu persona. Incluso puedes ver cómo te perciben. Si careces de autoconciencia emocional, tu noción de la empatía también se ve afectada.

Los ejecutivos con un elevado nivel de empatía son más hábiles para mantener a los empleados involucrados, mientras que los empleados empáticos ofrecen la mejor experiencia a los clientes.

Empatía: una perspectiva neurocientífica

Richard J. Davidson

El tema de la empatía ha florecido mucho en la literatura neurocientífica seria.[3] Los neurocientíficos reconocen dos tipos importantes de empatía: la empatía cognitiva y la empatía afectiva o emocional. Cada tipo funciona con circuitos distintos en nuestro cerebro. La empatía cognitiva es la capacidad de entender la perspectiva de otra persona, reflexionar sobre su situación y considerar los sucesos o fuerzas que podrían estar ejerciendo influencia sobre ella.

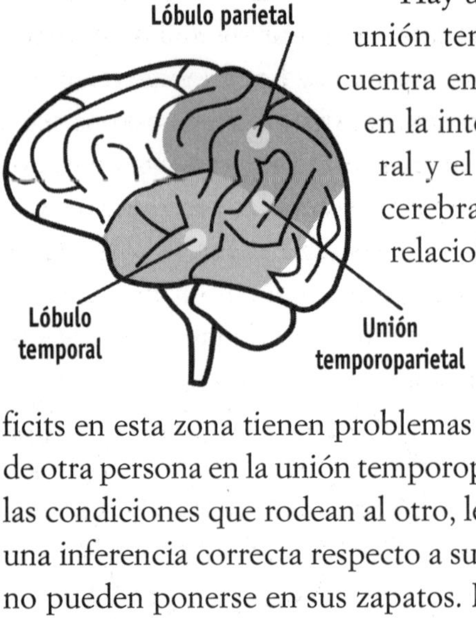

Hay una parte del cerebro llamada unión temporoparietal, la cual se encuentra en la parte trasera del cerebro, en la interfase entre el lóbulo temporal y el lóbulo parietal. Estas zonas cerebrales involucran interacciones relacionadas con distintos sentidos y juegan un papel relevante en la porción cognitiva de la empatía. Quienes muestran déficits en esta zona tienen problemas para reflejar el estado mental de otra persona en la unión temporoparietal. Si alguien les describe las condiciones que rodean al otro, les cuesta mucho trabajo hacer una inferencia correcta respecto a su estado mental. Sencillamente no pueden ponerse en sus zapatos. No entenderían, por ejemplo, por qué alguien se molesta, o tal vez ni siquiera notarían que esa persona está enfadada. Otros individuos, en cambio, reconocerían enseguida algo que podría ser muy inquietante.

La parte emocional de la empatía y la parte cognitiva son gestionadas por circuitos distintos del cerebro. Resulta interesante que la corteza insular o ínsula, la zona del cerebro que participa en la autoconciencia emocional, también tenga que ver con la parte emocional de la empatía. La ínsula juega un papel fundamental en el monitoreo de nuestras señales corporales. Cuando te sintonizas con otra persona en lo emocional, sientes su dolor porque percibes los cambios que tu cuerpo experimenta como respuesta al verla sufrir. Cuando la ínsula de la otra persona se activa, por lo general la tuya también está activada y por eso sientes en tu interior lo que le sucede a la persona en cuestión.

Una de las condiciones necesarias tanto para la empatía cognitiva como para la emocional es la capacidad de decodificar las señales expresivas que ofrecen una oportunidad para esta capacidad. Dichas señales incluyen expresiones faciales u otros tipos de indicadores no verbales. Hay personas que pueden decodificar mejor que otras las señales no verbales de alguien. En la corteza visual del cerebro hay una parte llamada giro fusiforme, que participa en la comprensión de las expresiones faciales. Algunos neurocientíficos le llaman área fusiforme de las caras (FFA, por sus siglas en inglés) por este papel especial que juega en la decodificación de las expresiones faciales. Debido a que las expresiones faciales son una señal tan importante, se cree que nuestros cerebros tienen una parte de territorio neuronal dedicada de forma específica a este proceso.

Ser capaz de decodificar las señales faciales forma parte de los dos aspectos de la empatía, el cognitivo y el emocional. Esto no quiere decir que sintamos de manera necesaria las emociones de otra persona debido a su expresión facial, pero son señales con las que podemos estimular los dos tipos de empatía.

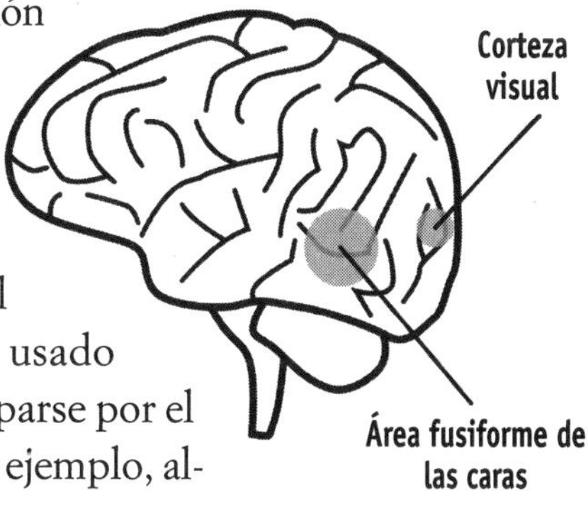

La preocupación empática se relaciona con la empatía y es el término que los psicólogos han usado para referirse al hecho de preocuparse por el bienestar de otra persona. Si, por ejemplo, alguien siente dolor y nosotros sentimos preocupación empática por esa persona, no solo estaremos experimentando una forma emocional de empatía, sino que estaremos dispuestos a actuar, a hacer algo respecto a nuestra inclinación y deseo de aliviar el sufrimiento de alguien más. Aquí es donde la empatía empieza a transformarse en compasión. La preocupación empática podría ser otra manera de pensar respecto a la compasión, como un eco emocional y como una motivación clara para actuar y tratar de mejorar de algún modo la situación de la otra persona. A menudo, la preocupación por otro se vincula con la acción.

Los equipos y la empatía

VANESSA DRUSKAT

La empatía es la competencia esencial de la inteligencia emocional. Sin duda, los líderes de equipos y los integrantes que cuentan con ella tienen una mayor posibilidad de estimular el *esprit de corps* y el desempeño de sus equipos. No obstante, la empatía excesiva también suele ser una fuente común de problemas.

Hace algunos años realizamos dos estudios en los que examinamos la relación entre la empatía del líder de un equipo y el surgimiento de las nueve normas de nuestro Modelo de Inteligencia Emocional para equipos.[4] Recuerda que las Normas de los Equipos con IE producen un capital social grupal, es decir, confianza, seguridad psicológica y eficacia grupal, que conduce a niveles de desempeño más elevados.[5] Descubrimos que la empatía en el líder del equipo se relaciona con el surgimiento de normas grupales que promueven el trabajo necesario para entender a los integrantes (entendimiento interpersonal) y las muestras de apoyo y respeto por ellos (comportamiento de preocupación por otros). Estas poderosas normas grupales conducen al surgimiento de la seguridad psicológica en los equipos, definida como la disposición de los integrantes a hablar de manera abierta y honesta y a correr riesgos sociales dentro del grupo.

No obstante, descubrimos que, a menos que los líderes del equipo también demostraran competencia en el autocontrol emocional y, por lo tanto, pudieran manejar su empatía cuando fuera necesario, los niveles elevados de la competencia de la empatía reducían el surgimiento de la norma que denominamos «atender un comportamiento contraproducente». Dicho de otra manera, cuando los líderes podían manejar su empatía por medio del autocontrol, también eran capaces de facilitar el surgimiento de una norma grupal que implicaba ofrecer retroalimentación honesta cuando algún integrante entorpecía el progreso del equipo.

Otra cosa interesante que descubrimos fue que los líderes de los equipos preocupados por el tiempo, es decir, por la orientación hacia la eficiencia, también debían tener niveles elevados de empatía para que sus equipos desarrollaran la norma del entendimiento interpersonal. Sin la competencia de la empatía, el enfoque del líder en la eficiencia reduce la cantidad de tiempo que se pasa forjando el entendimiento interpersonal, lo cual afecta el capital social del equipo y la colaboración de los integrantes.

La empatía en exceso en los equipos es un problema frecuente. Los líderes e integrantes con un elevado nivel de empatía suelen negarse a ofrecer retroalimentación constructiva a los integrantes que violan las normas o que tienen un desempeño mediocre en el equipo. Por lo que han reportado, tienen miedo de que la retroalimentación «haga más mal que bien». Asimismo, los integrantes también exponen que su frustración principal en los equipos es la falta de responsabilidad de otros integrantes y el constante «oportunismo». Los líderes que se sienten incómodos al ofrecer retroalimentación constructiva se convierten en modelos deficientes y no ayudan a sus equipos a desarrollar normas que respalden la capacidad de retroalimentación recíproca. Este es uno de los problemas que vemos con más frecuencia en los equipos. Dicho de otra forma, altos niveles de empatía pueden generar con facilidad una cultura amigable del equipo, pero esto no conduce al surgimiento de una cultura de seguridad psicológica grupal en la que, de manera continua, los integrantes se desarrollen, aprendan y estén más dispuestos a correr riesgos sociales, como no estar de acuerdo con la mayoría de los otros integrantes, lo cual es indispensable para la innovación y para tener un nivel elevado de desempeño grupal.[6]

Esta situación fue evidente en un equipo al que entrenamos hace poco. A primera vista, los integrantes eran amables y amigables entre sí. De hecho, cuando los conocimos acababan de realizar ejercicios de fortalecimiento del espíritu de equipo con los que todos, salvo el líder, sentían haber tenido una mejoría. Observamos que se divertían, charlaban y reían con bastante facilidad. Sin embargo, como sucede con frecuencia, el líder tenía la corazonada de que faltaba algo y que la forma en que los integrantes compartían y colaboraban de manera general no estaba mejorando. Nuestra labor con ellos implicó aplicar nuestra Encuesta de Inteligencia Emocional en equipos. Cuando les mostramos los resultados, los cuales revelaban que su cultura era amable, pero insegura, de inmediato reconocieron y admitieron el problema.

Como resultado, los integrantes se comprometieron a desarrollar una nueva cultura enfocada en la retroalimentación, es decir, adoptar normas como «Señalamiento de comportamiento contraproducente» y «Autoevaluación del equipo». Así pues, el líder, quien tenía un alto nivel de empatía, ahora contaba con una orden para asegurarse de que los integrantes se tomaran el tiempo necesario para ofrecerse retroalimentación entre sí y sostener discusiones abiertas de manera regular sobre el desempeño y la cultura del equipo. Les llevó algún tiempo sentirse cómodos con estas nuevas normas, pero seis meses después, cuando los visitamos de nuevo, el equipo tenía una versión más fuerte y de mejor desempeño de sí mismo. No te sorprenderá enterarte de que, más adelante, el líder fue ascendido a un puesto de más responsabilidad.

En resumen, la empatía es una competencia valiosa para los líderes de los equipos y los integrantes, pero el autocontrol emocional también es meritorio. En conjunto, promueven el surgimiento de normas grupales con inteligencia emocional que conducen a los niveles más elevados de desempeño del equipo.

La empatía en acción

Richard Boyatzis

¿Qué es lo que impulsa a la competencia de la empatía? La intención subyacente de la empatía es el deseo de entender a otra persona. No se trata de fingir que quieres comprender a otros, sino de que en verdad te importe hacerlo. Aunque el comportamiento que está más vinculado con la empatía es el de la escucha, al decir «escuchar» me refiero tanto a prestar atención a las palabras que salen de la boca de alguien como a tomarse el tiempo para hacer preguntas, ser paciente y mostrar un interés genuino. Esto se hace asimilando sus respuestas y usando enseguida esa información en las interacciones que tengas en el futuro con esa persona. Cuando alguien se comporta contigo con empatía, sientes que está sintonizado o sintonizada contigo. Este es uno de los pilares de cualquier interacción personal sana. De hecho, cuando no hay empatía, la interacción se convierte en un pilar de relaciones negativas.

Sentirse comprendido y escuchado es importante para las personas en el lugar de trabajo, en especial cuando conviven con alguien a quien consideran un o una líder. Es decir, quieren importarle a quien dirige. Esta es la manera más sencilla en la que un gerente o líder puede transmitir ese sentimiento y obtener de la persona información respecto a lo que piensa y siente y al impacto que esto podría tener en su trabajo. Cuando eres capaz de expresar cierto grado de preocupación por alguien y él o ella lo percibe, la persona empieza a preocuparse por ti, y así surge una relación de mutuo entendimiento que puede terminar siendo coyuntural.

¿Cómo puedes desarrollar tus propias habilidades de empatía o motivar a otros cuando los entrenas? Como la intención de la empatía es entender a otros y la acción consiste en escuchar, si deseas practicar puedes adoptar el hábito de hacer más preguntas respecto a quienes te rodean. A menudo esto implica preguntarles qué piensan o qué sienten. Podrías empezar realizando una reunión en la que te enfoques en una o dos personas durante media hora. Piensa: «Me pregunto qué estará pensando ella», «Me pregunto qué estará pensando él». Una manera de verificar si tu percepción es precisa o no es acercándote a esa persona y preguntar: «¿Qué estabas pensando durante la reunión?», «¿Qué piensas sobre lo que ha sucedido en la sala de juntas?». Esta es una forma muy útil de tratar de ver si puedes sintonizarte con distintos individuos. Luego, si tienes la oportunidad de conversar con ellos, haz una pregunta abierta y escucha la respuesta. A medida que practiques más y más, el proceso te será menos complicado, lo sentirás menos superficial. Aplicar esta técnica en los ámbitos personal y profesional puede ser muy valioso. Saber, por ejemplo, que la esposa de Jim tiene seis meses de embarazo o que Elizabeth está emocionada porque hará un viaje a Europa puede conducir a un entendimiento más profundo de la otra persona y, por lo tanto, al desarrollo de la empatía.

Yo antes era ingeniero, y por eso sé que a muchos de quienes recibimos una educación técnica nos cuesta trabajo hacer contacto visual, pero es un verdadero precursor de las relaciones. Hacerle una pregunta a una persona y escuchar la respuesta sin mirarla a los ojos es muy difícil. Y aunque hay maneras de practicar esto para alcanzar un nivel más elevado de empatía, no tienes que llegar al punto de fusionar las mentes como lo hacen los vulcanos en *Star Trek*.

¿Cómo desarrollar la empatía?

RICHARD J. DAVIDSON

La empatía cognitiva y la empatía emocional pueden fortalecerse a través de distintas actividades. Para empezar, la empatía cognitiva, que es la habilidad de entender a otra persona, puede mejorarse recolectando información sobre ciertos tipos de condiciones que influyen en ella. Este conocimiento básico respecto al impacto de una situación puede ayudar a desarrollar el entendimiento cognitivo.

Ambos tipos de empatía se pueden mejorar si uno llega a ser capaz de decodificar los indicadores no verbales de la otra persona correspondientes a la emoción, como las expresiones faciales. Algunos individuos se destacan por ser incapaces de hacer esto, pero son casos en los que hay una anormalidad específica en esa área. Sabemos, por ejemplo, que este proceso se le dificulta a la gente en el espectro autista. Una de las razones es que, cuando miran el rostro de otra persona, no se fijan en la región de los ojos, que es desde donde se transmite buena parte de la información. Estas personas se fijan más en la boca o las orejas. Esto lo averiguamos en el laboratorio al rastrear la mirada durante situaciones interpersonales.

Actualmente se están estudiando ciertos métodos de entrenamiento para mejorar la habilidad de reconocer las expresiones faciales. Hemos desarrollado un juego de video experimental que ayuda a la gente, en especial a los niños, a enfocarse en las señales faciales de la emoción y a usarlas para tener respuestas empáticas altruistas.

Hay algunos métodos simples, seglares y contemplativos con que algunos individuos se enfocan en el bienestar de otros y en generar sentimientos de gentileza, preocupación, compasión y amor por los demás. Estos métodos pueden ser muy útiles y modificar el comportamiento social; digamos que es como extender el círculo de personas por las que te preocupas. De manera natural, los humanos amamos y nos inquietamos por nuestros hijos, cónyuges y familias, pero el desafío es llevar ese mismo sentimiento hacia un círculo cada vez más extenso. Ampliar nuestros círculos de compasión es de suma importancia. En nuestro interior, todos tenemos las semillas de esta preocupación, algo que le mostramos a la gente con la que tenemos una relación consanguínea; especialmente, esto es algo muy natural en el vínculo entre padres e hijos esto es algo muy natural. Sin embargo, podemos tomar esa respuesta compasiva elemental y extender nuestro círculo para incluir a muchas otras personas.

Una de las maneras en que se pueden cultivar la empatía cognitiva y la capacidad de adoptar otra perspectiva es proveer a la gente de información sobre las reglas de la participación social. Por ejemplo, cuando un médico interactúa con un paciente, él o ella suele estar mirando la pantalla de su ordenador y no a la persona. Esto puede tener un impacto muy dañino. Como líder de mi propia organización, me he dado cuenta de que cuando estoy en una reunión debo tomar notas y rastrear con cuidado cierta información para el seguimiento a futuro, pero no puedo tomar notas y al mismo tiempo estar completamente presente con las personas que participan en la reunión. Es por ello por lo que ahora me acompaña alguien que escribe por mí, para yo poder estar presente de manera total.

Tú, como líder o integrante de una organización, puedes desarrollar la empatía haciendo contacto visual y, si estás de acuerdo con él o ella, asintiendo cuando habla, en tanto tratas de registrar la información que necesitas sin tener que mirar todo el tiempo tu cuaderno o una pantalla. Asimismo, puedes ampliar tu círculo de compasión imaginando que tus compañeros de trabajo son una extensión de tu familia. Si te preocupas por ellos como lo harías por tus familiares y amigos, es más probable que te comportes de manera empática con ellos.

Empatía: ¿cómo establecer lazos para un liderazgo eficaz?

GEORGE KOHLRIESER

Empatía significa establecer un lazo con la pena o la alegría de alguien. Aunque esa pena puede relacionarse con muchas cosas, si muestras compasión, puedes construir el vínculo esencial para un liderazgo eficaz. Si deseas desarrollar tu empatía, debes aprender a abrir tu corazón y a reconocer, sentir y nombrar toda una serie de emociones. A veces, algo tan simple como ir a ver una buena película, de esas que te sacan lágrimas, puede abrir el corazón de una persona. Las buenas películas nos hacen sentir todas las emociones que retratan (tristeza, miedo, enojo), y todas son importantes. Para ser hábil en la empatía debemos involucrarnos de lleno con todo lo que implica la experiencia humana.

Otra manera de abrir tu corazón es hablar del dolor que hay en tu vida. Elige un momento de los más dolorosos que hayas vivido y cuéntaselo a un amigo o amiga, colega, o a alguien que pueda escuchar lo que sentiste y tener compasión. Muy a menudo la gente se vuelve indiferente y distante y se muestra insensible ante los sentimientos complicados. En nuestros programas de entrenamiento usamos este proceso de contar historias de vida; les pedimos a los líderes que creen una línea temporal de sus experiencias y que incluyan los cinco sucesos más dolorosos o pérdidas, así como las cinco historias o acontecimientos más positivos que hayan vivido. Compartir algo muy personal con otro ser humano y escuchar su respuesta te permite ver cómo reacciona la otra persona y cómo recibes tú su reacción. Es otra manera de abrir emociones, lo cual es esencial para los buenos líderes.

Conclusión

Daniel Goleman

Una empresa invitó a un famoso orador motivacional a dirigirse a su personal y asistió tanta gente al evento que tuvieron que trasladarse a una sala mucho más grande. Todos cupieron, pero el sistema de sonido de la nueva sala era inadecuado. Una de las empleadas que se sentó al fondo de la sala casi no podía escuchar al orador, por lo que en el intermedio se acercó a un ejecutivo de alto nivel para quejarse del sonido y descargar su frustración.

El ejecutivo la escuchó con atención y le dijo que entendía lo frustrante que debía de ser la situación. Explicó que no había mucho que él pudiera hacer en ese momento para cambiar las cosas, pero le aseguró que hablaría con el orador sobre los problemas de sonido y le pediría que hablara más fuerte. La empleada le agradeció al ejecutivo en cuanto sintió que sus inquietudes fueron escuchadas. Eso marcó la diferencia. Ese simple acto de empatía hizo que la mujer se sentara en el mismo lugar y escuchara al mismo orador a través del mismo sistema de sonido deficiente, pero sintiéndose mucho mejor.

Lo que esa mujer aprendió ese día no fue lo que dijo el orador, sino que al ejecutivo le importó su malestar y entendió cómo se sentía. El hábil uso que el ejecutivo hizo de la competencia de la empatía rebasó el objetivo de «motivar a nuestros empleados» que se suponía que el orador debía abordar ese día. Como sucedió en esta historia, en muchas ocasiones las competencias de liderazgo emocional y social operan en combinaciones distintas. El ejecutivo no solo hizo uso de la empatía, también demostró su habilidad en la competencia del autocontrol emocional. Alguien sin este tipo de control podría haber respondido de manera iracunda y a la defensiva y decir que no era su culpa y que no se podía hacer nada al respecto.

La competencia de la empatía es tan fundamental que afianza todas las competencias del manejo de relaciones.

7

CONCIENCIA ORGANIZACIONAL

Elementos básicos

Introducción

DANIEL GOLEMAN

En tanto que competencia de la inteligencia emocional, la conciencia organizacional implica tener la habilidad de leer las corrientes emocionales y las relaciones de poder en un grupo, así como identificar a las personas que más influyen, los mecanismos y las dinámicas en el interior de la organización. El líder capaz de reconocer las oportunidades de *networking* y de leer las relaciones en clave de poder está mejor preparado para enfrentar las exigencias de su papel como la cabeza de un grupo. Este líder no solo entiende las fuerzas que operan en una organización, sino también los valores guía y las reglas implícitas. La gente hábil en la competencia de la conciencia organizacional puede percibir los mecanismos personales que permiten que la organización funcione y, a su vez, sabe cómo encontrar a la persona correcta para tomar decisiones clave y formar una coalición para lograr que algo se lleve a cabo.

¿Tu organización tiene una frase de misión? De ser así, ¿cómo se relaciona esta con la manera en que la gente opera en la organización? La misión, es decir, el «por qué» y el propósito del negocio, podría no tener mucho que ver con lo que las personas hacen cotidianamente, por lo que los líderes que redactaron esa misión carecen de conciencia organizacional y, por ende, no están cumpliendo con su responsabilidad de garantizar que las operaciones de la empresa coincidan con la misión.

Investigadores de la Rotman School of Management de la Universidad de Toronto descubrieron algo respecto a quienes se encuentran en posición de ejercer cambios en una organización: que su rango en la jerarquía formal no importa tanto como cuán bien pueden leer y movilizar los mecanismos informales necesarios para que el cambio se lleve a cabo.[1]

Los equipos de alto desempeño son en especial hábiles para leer las dinámicas en su propia organización y en aquellas con las que interactúan. Los mejores equipos trabajan muy conscientes de los otros grupos esenciales para su propia eficacia.[2] Son capaces de contar con los grupos correctos en el momento correcto para los objetivos correctos, así como comunicarse de tal forma que todos se sientan motivados a actuar en pos de una visión compartida.

La conciencia organizacional ayuda a guiar la estrategia para lograr objetivos en cualquier organización o estructura, sin importar el escenario.

Hay otra dimensión en la que la conciencia organizacional de un líder puede tener un impacto beneficioso. El hecho de que haya una gran cantidad de personas en una organización implica que su banda de atención es más potente que la de un solo integrante. Un líder con conciencia organizacional puede detectar la distribución eficaz de ese ancho de banda, quién debería prestarle atención a qué y por qué razón. Esta atención a todo lo amplio de la organización aumenta el nivel de lo observado, la información susceptible de ser recibida y comprendida, así como las decisiones estratégicas que se podrían tomar para responder mejor.

Situaciones como soslayar información que podría conducir a malas decisiones, recibir muy poca atención en el mercado y, por el contrario, prestar poca atención a lo que debería tomarse en cuenta, podrían considerarse como una especie de «déficit de atención organizacional». En contraste, de la misma forma que sucede con un líder, una organización bien enfocada opera de manera óptima en los tres niveles: conciencia interna de factores que van más allá de los indicadores usuales clave del desempeño, como el clima emocional y el entusiasmo colectivo de la gente; el modo en que la organización se relaciona con otros, desde los proveedores hasta los competidores, pasando por los operadores clave de su nicho ecológico, y, por último, los sistemas más grandes en que existe: todo lo que hay entre la economía y los cambios tecnológicos, hasta las tendencias sociales y las fuerzas políticas relevantes.

La gente se enfoca en lo que tiene significado y, por lo tanto, los líderes pueden dirigir la atención a través de los objetivos y la misión que articulan. Los mejores líderes muestran su conciencia organizacional al capturar toda la energía colectiva y dirigirla a los objetivos estratégicos más importantes. Estos líderes enfocan su propio vigor para aumentar las apuestas a medida que va siendo necesario.

Hay otro aspecto aún más elusivo en el que la conciencia organizacional de un líder tiene recompensas: al percibir las dinámicas de otras organizaciones, en especial si son clientes o compradores o posibles clientes o compradores. Esto implica conocer los objetivos y motivos de ese otro grupo y actuar de manera que podamos transmitir la noción de conocimiento de lo que les importa, así como respeto por ello. Esta conciencia organizacional respecto a un grupo externo puede traducirse en más ventas, trabajo como socios y otros tipos de colaboración.

Otra dimensión con la que se relaciona la conciencia organizacional son los valores compartidos. En una conferencia de negocios se le preguntó a la gente: ¿Cuántas de sus organizaciones tienen una frase de misión?, y cerca de dos tercios de los asistentes levantaron la mano.

Luego se formuló la siguiente pregunta: ¿Y la frase refleja las realidades del día a día?. Muchos bajaron las manos y solo unos cuantos las dejaron levantadas. Esta disparidad entre los valores y la experiencia de la gente puede conducir a la frustración y al enojo, pero también al cinismo y la desconfianza. Incluso si una empresa tiene un alto nivel de rentabilidad y sus salarios son generosos, pero el éxito se alcanza a costa de los valores y principios de los empleados, estos podrían sentirse avergonzados o creer que su éxito no es inmaculado. Este fenómeno podría presentarse aún más entre los empleados más jóvenes, pues los *millennials* parecen valorar el propósito y el significado de lo que hacen tanto o más que las recompensas económicas.

Competencias esenciales para forjar la conciencia organizacional

Michele Nevárez

Antes de poder ser hábiles en la competencia de la conciencia organizacional necesitamos ser adeptos a tres competencias más de la inteligencia emocional y social. Debemos comprender el impacto que nuestras emociones y acciones tienen en nosotros mismos y en los demás (autoconciencia emocional) y, a su vez, ser capaces de leer con precisión estos mismos elementos y señales en los otros (empatía). La conciencia organizacional depende del uso consistente y hábil de cada una de estas competencias. Asimismo, debemos ser capaces de modificar nuestro comportamiento de manera consciente (autocontrol emocional) para comportarnos como es debido en las situaciones en que nos encontremos.

En la vida cotidiana con frecuencia operamos en piloto automático, inconscientemente. No estamos al tanto de nuestros sentimientos y comportamientos ni del impacto que tienen en otros. Esto nos impide estar bien preparados para anticipar y responder a la complejidad inherente a nuestras interacciones con otras personas. Con frecuencia, ni siquiera nos damos cuenta de que pasamos al piloto automático, por eso necesitamos recordarnos, de manera consciente, que debemos volver a hacer uso de las competencias y comportamientos necesarios para ser conscientes en el aspecto organizacional, pero también para funcionar en todas las áreas de nuestra vida profesional y personal.

Si la autoconciencia emocional es la llama interna que nos permite ver lo que sucede con nosotros mismos, la empatía es la antorcha externa que ilumina lo que sucede con los otros y con el mundo que nos rodea. La atención consciente o *mindfulness* es el acto consciente de recordar algo o de recordarle algo a alguien. Es lo que guía nuestro esfuerzo hacia una dirección en particular y es la base de la competencia del autocontrol emocional. La carencia de conciencia de uno mismo y de los otros es el equivalente emocional a tratar de navegar en la oscuridad: podríamos chocar con los objetos que aparecen en nuestro camino.

Cuando nos separamos del piloto automático, es decir, cuando aplicamos los antídotos de la autoconciencia emocional y de la conciencia social, junto con el autocontrol emocional, no solo empezamos a ver el impacto que tenemos en otros, sino que también notamos cambios en nuestros estados emocionales personales y en los de otros individuos. Al alcanzar cierto nivel de habilidad en estas tres competencias de liderazgo, podemos iluminar con nuestra atención nuestras interacciones y determinar cuál es la mejor manera de contribuir al bien mayor y, al mismo tiempo, permitirle a la mejor versión de nosotros mismos aparecer en cualquier contexto.

Para pasar de la autoconciencia a la conciencia organizacional, piensa en lo que sabes que sucede en tu mundo interior. Con frecuencia esto implica tomarte un momento para estar tranquilo y realizar una verificación consciente contigo mismo, o sea, ver dónde estás soportando una tensión emocional o física. Muchos hacemos esto antes o después de participar en una reunión conflictiva o en una situación estresante en el trabajo. De igual modo, puedes observar las interacciones de tu equipo o tu departamento con otras áreas de la organización, prestar atención a la dinámica durante las reuniones y analizar la comunicación entre las personas. Toma notas sobre la manera en que se hacen las cosas y quién las lleva a cabo. ¿Qué sientes respecto a tus reacciones y la respuesta de otros a estas situaciones? Mientras cobras consciencia de lo que sucede en tu interior, trata de detectar las tensiones en la organización o lo que provoca que las interacciones sean complicadas. Trata de ver quién tiene un poder informal y quién podría ser clave en la manera en que la información se transmite dentro de la organización. Descifrar esto puede ser valioso porque te ayuda a comprender las interdependencias entre los departamentos y cómo desarrollarte en ellas de forma exitosa.

La empatía es un aspecto de la conciencia social que depende de la observación aguda y de escuchar atentamente. Extender esta habilidad a la conciencia organizacional implica dar un paso atrás y notar el tono emocional en las reuniones y otras interacciones que tienen lugar en el trabajo. Gracias a la empatía podemos notar el comportamiento no verbal y las expresiones faciales. Esta habilidad te permite observar las interacciones que se producen entre las personas de todos los departamentos y te puede ayudar a ver las reglas implícitas para hacer las cosas, así como los valores que tiene la gente de la organización. Reconocer estas expectativas y normas y aprender a trabajar con ellas puede marcar la diferencia entre el valor y apoyo al trabajo de tu departamento y el rechazo que este pudiera sufrir.

Ver a tu organización a través de la lente de la autoconciencia emocional y la empatía te ayuda a llevar tu conciencia más allá de la estructura oficial y las jerarquías dentro del grupo para dirigirte hacia la manera en que las emociones se despliegan en las relaciones a lo largo y ancho de la organización. Hacer uso de estas competencias esenciales es fundamental para ser más hábil en la conciencia organizacional.

Conciencia organizacional en acción

RICHARD BOYATZIS

Cada competencia de la inteligencia emocional tiene una intención subyacente, así como comportamientos que nos indican si estamos haciendo las cosas con habilidad. En este nivel estamos hablando sobre cuán bien puede una persona averiguar lo que sucede en la organización. El propósito es entender a la gente y los procesos de la organización como una unidad, lo cual es aplicable a una familia, a otro tipo de grupo y a las organizaciones laborales. El hecho de poder describir quién es quién en los mecanismos sociales forma parte de un comportamiento en el que se despliega esta competencia. Casi todos recordamos quién estaba en el grupo de los «populares», el de los *nerds* y el de los «chicos malos» en el instituto. Los mecanismos sociales, es decir, las normas y valores, la forma apropiada de actuar dentro de varias partes de la organización, es algo que se hace evidente es algo que se hace evidente cuando una persona hace uso de su conciencia organizacional.

Los sistemas operan en todas las organizaciones, así como en las familias y otros entornos. Piensa en quién influye sobre quién en una familia grande. ¿A quién escucha el tío Frank? ¿A quién llama la prima Bárbara cuando quiere hablar de algo? ¿A quién recurre papá si necesita consejo? En el trabajo, trata de ver quién habla con quién. Pregúntale a la gente con la que trabajas cómo interpreta los distintos mecanismos o estructuras sociales. Te advierto que deberás tener cuidado porque en ciertos contextos la gente podría pensar que te inquietan las políticas de la oficina o que te gusta andar con chismes. Si decides practicar esto, podrías ser honesto y decirle a la otra persona: «Estoy tratando de forjar mi conciencia organizacional, así que si esto te suena un poco extraño, solo ten paciencia».

La conciencia organizacional es la competencia que te permite ser sensible a los sistemas de los que formas parte, ya sea en el trabajo, en tus pasatiempos o en el hogar. Consiste en notar las normas, las reglas de comportamiento correcto, así como los valores o la cultura de la organización. Como he mencionado antes, también incluye descifrar los mecanismos sociales, lo cual implica saber quién habla con quién sobre qué, quién tiene poder y quién sirve de catalizador emocional. Esta habilidad es esencial para lograr que las cosas se lleven a cabo en una organización.

Para practicarla, en tu próxima reunión reflexiona y trata de ver quién tiene más poder en el lugar, quién le sigue, y así sucesivamente hasta que llegues a la persona con menos influencia. ¿Quién escucha a otros? ¿A quién escucha? ¿Quiénes son los líderes? ¿Quiénes ayudan a otros? ¿Quiénes son mentores?

Conocer las reglas y los mecanismos en las organizaciones te permite saber a quién involucrar en un nuevo proyecto o idea, pero también a quién evitar porque genera en los otros perspectivas negativas. La empatía puede ayudar a una persona a dirigir y guiar a otros individuos, en tanto que la conciencia organizacional permite ejecutar planes deseados o motivar a otros a trabajar en pos de una visión, estrategia o meta compartida.

Los equipos y la conciencia organizacional

VANESSA DRUSKAT

Ningún equipo es una isla. En el exterior de todo grupo hay gente con la que los integrantes tienen una relación de interdependencia que influye en los recursos y el desempeño. La lista incluye a jefes, proveedores, clientes, personas interesadas en el grupo, así como otros equipos. Cuando nos referimos a las acciones e interacciones, decimos que se trata del nivel «limítrofe» dinámico del grupo, lo que describe el término en inglés *cross-boundary*. Es muy fácil subestimar la importancia de la energía y la atención que se enfocan en lo externo; sin embargo, los investigadores descubrieron hace mucho tiempo que los equipos de alto desempeño forjan una norma a la que hemos denominado «entendimiento organizacional», que es similar a la conciencia organizacional. Implica realizar acciones para aprender sobre lo que les importa a esos individuos u organizaciones y entender por qué toman ciertas decisiones.[3]

Una de las creencias comunes en los equipos de alto desempeño recién formados es que, en el interior del grupo, los integrantes tienen todo lo que necesitan para alcanzar dicho desempeño. Creen tener, por ejemplo, la motivación, las fuentes y la gente para alcanzar el éxito y continuar en la cima. Sin embargo, esto suele no ser verdad. El contexto laboral cambia continuamente y un equipo nunca sabe de dónde surgirán los próximos recursos esenciales. Como mínimo, hay información que los interesados o expertos poseen y que podría mejorar las decisiones y las estrategias del grupo. Un equipo de alto desempeño necesita saber esto y buscar todo el tiempo maneras de aumentar su conciencia organizacional y política.

Hemos descubierto que los equipos de alto desempeño desarrollan dos normas limítrofes (o *cross-boundary*) distintas, pero recuerda que las normas son reglas informales y expectativas en las que todos los integrantes están de acuerdo.[4] Como he mencionado antes, la primera se denomina entendimiento organizacional. Se trata de entender las prioridades y el mundo emocional de los individuos del exterior interesados en el equipo, como tu jefe o los jefes por encima de ti en la jerarquía, es decir, la gente que evalúa tu desempeño. ¿Qué les interesa a esas personas? ¿Qué piensan? Si sales de tu entorno y solicitas recursos, conocer lo que les importa a aquellos en el exterior facilitará que los obtengas. Piensa en los clientes y los compradores, ¿qué está sucediendo en su mundo? Un equipo necesita usar esta información para construir un entendimiento compartido de su contexto y establecer sus prioridades.

A la segunda norma la denominamos «construcción de relaciones externas» y se define como el establecimiento de relaciones con personas del exterior interesadas en el equipo, individuos que influyen en su desempeño y que pueden proveer información y recursos. Estas dos normas se vinculan entre sí de manera muy íntima. Recomendamos a los equipos que realicen un análisis de las personas externas interesadas en el equipo, lo cual implica crear un documento de Excel o una lista de todos los individuos y grupos que se puedan ver afectados por lo que haga el equipo. Este documento debe incluir información sobre la persona o grupo en cuestión, sus prioridades, etc. Una vez que hayan creado la lista, se podrán asignar integrantes a distintas personas externas para que se reúnan con ellas y obtengan retroalimentación y reflexiones que mejoren el entendimiento organizacional y la relación del equipo con la persona o grupo externo. Por ejemplo, un miembro del equipo podría convertirse en el enlace con un comprador específico y tener la tarea de reunirse con él o ella para recibir retroalimentación y averiguar sus preocupaciones. A continuación, ese integrante traerá la información y la compartirá con el grupo.

En un equipo de alto desempeño vimos a un integrante que un día llegó y anunció: «Necesito tres personas que me acompañen a visitar a un cliente». Cuando regresaron, trajeron consigo retroalimentación e información valiosas. Los equipos inteligentes incluyen la gestión de los individuos externos en su plan de acción.

Las investigaciones muestran que los equipos tienen dos tendencias: enfocarse en lo interno y desarrollar cohesión como grupo, o enfocarse en lo externo y tener menos cohesión grupal.[5] Pero insisto: cuanto más fuerte se vuelve un grupo, más empieza a pensar en lo que necesita en su interior. Esto hace que los equipos interactúen con menos frecuencia con los individuos externos y que estereotipen a otros equipos e individuos externos de manera incorrecta con más frecuencia. Por otra parte, algunos equipos invierten tanta energía y tanto tiempo enfocándose en el exterior que no construyen una comunidad fuerte en el interior. Este enfoque externo les resta conciencia de las necesidades de desarrollo del grupo.

Les pedimos a los equipos que se enfoquen tanto en lo interno como en lo externo, lo cual no es sencillo, a menos que desarrollen normas que respalden las actividades requeridas para este propósito. Esto ayuda a evitar los grupos aislados o «silos», que con demasiada frecuencia generan conflictos intergrupales y afectan negativamente la toma de decisiones y los niveles más elevado de desempeño. Los equipos y sus integrantes siempre tienen más trabajo que tiempo para realizarlo, razón por la cual un integrante estará más dispuesto a darle prioridad a una reunión con un individuo o grupo externo y a reportarle al grupo lo que ha averiguado si este expresa con claridad que espera que se realicen estas acciones y si solicita la información de manera regular. Asimismo, recuerda que la información averiguada se puede compartir a través de documentos o con publicaciones en los portales del equipo.

Los equipos de alto desempeño también saben cómo elegir al representante idóneo para reunirse con los interesados externos. Ahí es donde la inteligencia emocional cobra más importancia a nivel grupal. Los integrantes con inteligencia emocional son más propensos a tener éxito en su actividad como elementos vinculadores para el equipo. Deberás buscar a alguien que pueda salir y forjar relaciones. Otros miembros aportarán competencias diferentes al grupo. Una de las cosas más geniales de encabezar equipos que cuentan con inteligencia emocional es que los líderes pueden contar con sus integrantes. Todos tienen competencias distintas, por lo que el líder no necesitará llevar a cabo toda la labor requerida para conectarse con los interesados externos.

Generar la capacidad del equipo para la conciencia organizacional

¿Cómo puede un equipo ser eficaz al establecer relaciones externas? En primer lugar, debe identificar a los individuos o grupos externos, contactarlos y hacer preguntas. ¿Qué es lo que les importa? ¿Cómo les está yendo en cuanto a los objetivos con este equipo en particular y con la organización en general? En una ocasión vi que un equipo de alto desempeño nominaba a otro a un premio por su capacidad organizacional. Por supuesto, este acto fortaleció una relación que ya era sólida y benefició el desempeño de ambos grupos.

En uno de nuestros estudios,[6] los gerentes nos dijeron: «Creemos que los mejores equipos de esta empresa son aquellos a los que les asignan los mejores integrantes o a las 'estrellas'. Tienen a los mejores integrantes porque la administración está más interesada en el trabajo que realizan». Mis colegas y yo analizamos este problema a lo largo de un extenso proyecto de investigación con todos los equipos de la organización, el cual duró dos años.

Resultó que las conjeturas de los gerentes eran incorrectas. Los resultados mostraron que los equipos de mejor desempeño eran los que, entre otras cosas, parecían gustar más a los gerentes porque enfocaban parte de su energía en establecer relaciones con individuos externos, entre quienes se encontraban los directores de mayor nivel. Los equipos de alto desempeño no necesariamente contaban con los mejores empleados de la empresa, sino que más bien desarrollaban normas como las que hemos planteado antes. Tampoco contaban de manera automática con la atención de la administración y los directores: solo se fijaban como prioridad forjar las relaciones con ellos y averiguar lo que más les interesaba. Estas acciones les ayudaban a recibir los recursos que necesitaban para sobrepasar sus objetivos.

¿Cómo poner en marcha la conciencia organizacional?

GEORGE PITAGORSKY

Como asesor en el mundo de los servicios técnicos y del entrenamiento corporativo durante más de treinta años y como director de información, mi éxito depende de mi capacidad para evaluar con mucha agilidad la naturaleza de una organización y a su gente. ¿Cuáles son sus valores y sus estilos de pensamiento? ¿Qué lenguaje usan para referirse a la tecnología y a su negocio? ¿Cómo toman decisiones? ¿Quiénes son las personas que realmente logran que las cosas sucedan? ¿Cómo se llevan los jugadores entre sí? Cuanto más sé respecto a la naturaleza de una organización, más eficiente puedo ser como asesor, ejecutivo o líder de cualquier tipo.

Esto no se trata solo de memorizar el organigrama formal de la empresa o de tener un entendimiento intelectual, sino de desarrollar una noción más intuitiva de la cultura y de los trasfondos emocionales en juego en las relaciones humanas que conforman el carácter de la organización.

Este tipo de conciencia la deben desarrollar tanto los asesores externos y los ejecutivos como aquellos que, en todos los niveles, necesitan conciencia organizacional. Cuanta más tengan, más eficientes serán al realizar su labor. Pero ¿qué quiero decir con conciencia organizacional? ¿Cómo se ve en acción? ¿Cómo puedes desarrollarla? A continuación te daré algunas de mis respuestas a estas preguntas.

Las organizaciones son sistemas

Mencionar la teoría de los sistemas hace que la mayoría de la gente se quede con los ojos abiertos como platos, pero no es un concepto tan complicado. Significa examinar tu situación de tal manera que reconozcas cómo le afecta su entorno, la gente y todo lo que está sucediendo dentro y alrededor. También tiene que ver con la forma en que los distintos elementos se conectan con el todo. ¿De qué otro modo podrías explicar que tu proyecto no esté logrando su objetivo más que analizando los factores que permitirían que esto sucediera? ¿A quién influyes y sobre qué tienes influencia? ¿Quién y qué influye en ti?

Es muy fácil reconocer cuando alguien no tiene el sistema en cuenta. Lo he visto en proyectos en los que la gente toma decisiones para echar a andar algo sin considerar la reacción en cadena que podría tener en otras unidades en el interior de la misma empresa. Contar con una perspectiva de sistemas te permite entender la manera en que los procesos interpersonales interactúan con los sistemas concretos y cómo les afectan.

Los líderes inteligentes usan la conciencia organizacional

En una ocasión trabajé con un banco internacional en un proyecto para reorganizar el proceso que utilizaba para proveer a gran escala préstamos comerciales a sus clientes. Los líderes del banco querían un sistema más automatizado, con énfasis en controlar la exposición de los préstamos.

En el ámbito de los negocios estaban los ejecutivos de préstamos. Tuvimos que identificar cómo trabajaban y qué sucedería si se introdujera un cambio en esa manera de operar, es decir, cómo afectaría el cambio su capacidad para comunicarse de forma eficaz y vender préstamos. Si se automatizara el modo en que preparaban y comunicaban sus propuestas a los ejecutivos senior que tomaban las decisiones, ¿habría un impacto en el éxito? El proceso estándar del banco implicaba que los ejecutivos de préstamos salieran a visitar al cliente, hablaran con él o ella sobre sus necesidades y evaluaran el nivel del préstamo requerido. Con base en esa evaluación, el ejecutivo de préstamos presentaba una propuesta oral a los ejecutivos. Luego comentaban lo que sentían respecto a la situación y recibían retroalimentación honesta por parte de los ejecutivos. Este mismo proceso había funcionado de una manera muy orgánica a lo largo de 150 años.

Luego se introdujo la tecnología que permitía al ejecutivo de préstamos ingresar su información en un sistema que automáticamente podía evaluar a la empresa del cliente solicitante, así como el nivel de exposición que este y su familia de empresas representaban por segmentos como industria, país, región y otros. Esta propuesta estaría disponible de inmediato para los ejecutivos de mayor nivel a través de un proceso electrónico de flujo de trabajo.

Desde el exterior, suena como una gran idea que podría ahorrar tiempo y esfuerzo, pero uno de los líderes del negocio que también era patrocinador del programa se mostraba muy consciente del carácter de la organización y se dio cuenta de que esta automatización eliminaría un tremendo proceso de aprendizaje de los ejecutivos junior, pero también de los líderes senior de préstamos, quienes solían evaluar la eficacia, el carácter y las capacidades generales de los primeros. El patrocinador era consciente de la importancia de la comunicación en persona y, además, reconocía que sus pares, los ejecutivos senior, no estaban familiarizados en absoluto con el uso dinámico de la tecnología en su trabajo y, por lo mismo, se resistían a utilizarla.

Al final diseñamos un proceso híbrido que tenía en cuenta la necesidad de la interacción ágil y en persona. Este nuevo proceso permitía que esto sucediera y, al mismo tiempo, ajustó los aspectos más técnicos de la propuesta, lo cual hizo que el trabajo de los ejecutivos de préstamos fuera más sencillo y eficiente. La conciencia organizacional también destacó la necesidad de un proceso de gestión de cambio para acostumbrar a los ejecutivos senior a aplicar la automatización en su trabajo diario.

La conciencia organizacional y el entendimiento de la naturaleza de la gente, la tecnología, la toma de decisiones y la calidad de las comunicaciones nos permitieron entregar un programa en el que todos estuvieron de acuerdo, y a un costo menor del que se esperaba.

¿Cómo desarrollar conciencia organizacional?

Todas las personas en todos los niveles necesitan conciencia organizacional. Para quienes trabajan en organizaciones de niveles más bajos a medios, todo comienza asegurándose de comprender con claridad las dinámicas en su propia área. Es necesario prestar atención y fijarse en quién hace qué y en cómo se hacen las cosas. ¿Cuál es mi papel en mi departamento? ¿Cuál es el papel de mi departamento en la organización? ¿Y de mi organización en el mundo externo? ¿Qué hace único a mi ecosistema organizacional?

Para quienes se encuentran en la cima y ocupan puestos ejecutivos de liderazgo, es igual de importante prestar atención a todo el panorama, a sus partes y la manera en que se ensamblan, pero haciendo énfasis en las relaciones interpersonales y la comunicación.

Para aprender sobre cómo funciona la organización, piensa que esta es un sistema de partes que interactúan en un esquema mayor: el ambiente socioeconómico. Esta perspectiva te permite tener conciencia organizacional. Desde ese punto de vista puedes profundizar y explorar las relaciones. Lee y observa todos los medios materiales existentes de la organización que te parezca que presentan una visión precisa. Habla con tus colegas, subordinados y superiores, pero sobre todo con gente que lleve mucho tiempo formando parte del personal. Conversa respecto a las dinámicas en las relaciones, las normas y los valores que ellos vean. Obtén muchas perspectivas, pues las dinámicas de una organización son complejas.

Los líderes que quieren desarrollar su propia conciencia organizacional, aunque también la de su personal, pueden facilitar las discusiones que se estén llevando a cabo respecto a la importancia de las dinámicas interpersonales, los componentes de la organización y la manera en que cada parte tiene cabida en el conjunto total. Pueden establecer un modelo, algo parecido a un dibujo de arquitectura que diga: «Aquí están los componentes básicos de nuestra organización. Esto es de lo que los distintos equipos son responsables y esta es la manera en que todo funciona en conjunto en pos de nuestra misión colectiva, que es...».

El líder puede involucrar a un analista con las competencias necesarias para crear una imagen objetiva desde varias perspectivas: las unidades de la organización, los sistemas de tecnología de la información, datos, objetivos y valores. Al usar este modelo como infraestructura, los líderes facilitan un proceso en el que el grupo define su situación y luego la reconoce. Piensa en la organización, en cada departamento y equipo para proyecto teniendo en cuenta los siguientes elementos:

- Manera general de trabajar: ¿Está bien gestionada? ¿Es racional y mejora de forma continua? ¿O es reactiva y en ella se repiten inconscientemente los errores del pasado?
- Cambio de perfil: ¿Tarda en cambiar? ¿El cambio está bien gestionado? ¿O la incertidumbre es constante?
- Gobernanza y control: ¿Son burocráticos, equilibrados o caóticos?
- Eficacia del desempeño: ¿Tiene un alto nivel de funcionamiento? ¿Es una «máquina» de desempeño óptimo? ¿Mide y mejora el desempeño de manera constante?
- Transferencia de conocimiento: ¿El conocimiento se retiene y luego se transfiere de forma fluida a través de un proceso consciente y bien gestionado?
- Comunicaciones: ¿Son abiertas o veladas y disfuncionales?
- Relaciones: De manera predominante, ¿son jerárquicas, colaborativas, colegiales, profesionales, contractuales? ¿O tienen una combinación de estas características dependiendo de la situación? ¿Son sanas?
- Manejo de las expectativas: ¿Las expectativas son racionales? ¿La gente espera el cambio y se adapta a él con expectativas revisadas en cuanto al desempeño y los resultados a futuro?
- Estética: ¿En la organización, departamento o equipo se vive un ambiente divertido, elegante, aceptable o insoportable?

Conocimiento intuitivo de las dinámicas de la organización

La investigación, el análisis y las sugerencias de otros son solo un punto de inicio, pues al final tienes que observar de manera consciente tu comportamiento y el de quienes te rodean. Las dinámicas organizacionales se basan en la forma en que la gente interactúa entre sí en un sistema complejo. Estas dinámicas son sutiles, están sujetas a cambio y, por lo tanto, la conciencia organizacional va más allá de un entendimiento intelectual. Se trata de saber profunda e intuitivamente cómo se «siente» la organización y su proceso constante. La conciencia organizacional te da una probabilidad mucho mayor de éxito.

Conclusión

Daniel Goleman

Cuando IBM estaba sobre todo en el negocio de los ordenadores centrales e Internet apenas empezaba a surgir como una fuerza, un ingeniero vio las posibilidades de esta tecnología. El problema fue que sus jefes no. El ingeniero escribió un sólido argumento para entrar en la red y distribuyó en la empresa un documento oficial; poco después, empezó a enterarse de que gente por aquí y por allá en la empresa estaba de acuerdo con él. Formó una coalición que pensaba como él y desarrolló un sitio de Internet para los Juegos Olímpicos dirigido por IBM, el primero en su tipo. El sitio fue tan popular que la empresa formó una división enfocada en la web y nombró al ingeniero como su director.

Al no forzar su idea entre la gente equivocada demasiado pronto, el ingeniero contribuyó a arraigar la competencia de la conciencia organizacional. Expresó sus teorías y se rodeó de quienes creían que su visión era posible y estaban dispuestos a trabajar para verla realizarse. Formó la coalición y asumió el papel de líder. Cuando el proyecto estuvo listo para mostrar el verdadero potencial de estas ideas, impresionó a los jefes con algo tangible y concreto que sabía que sería más convincente que sus ideas abstractas. Esta forma de abordar la situación, bien reflexionada, finalmente condujo a un gran éxito personal para el ingeniero, así como para la empresa en general y para los muchos clientes de IBM en los años subsecuentes.

8

INFLUENCIA

Elementos básicos

Introducción

DANIEL GOLEMAN

La competencia de la influencia consiste en tener un impacto positivo en otros, persuadirlos o convencerlos para obtener su apoyo, y hace que una persona se vuelva persuasiva y cautivadora, lo cual ayuda a obtener la participación de individuos clave.

Un director ejecutivo que dirigía una empresa con base en Manhattan decidió mudar la organización a una ciudad a más de 1500 kilómetros de distancia. Su intención era ahorrar dinero porque en esa ciudad había ventajas fiscales y la mano de obra era más económica. Además, él había crecido ahí y nunca se había sentido cómodo en Manhattan. Sin embargo, cuando anunció la mudanza, muchos renunciaron porque no querían ir a trabajar a la pequeña ciudad. El director perdió sobre todo personal del área de Tecnología de la Información (TI). Y con ellos se fue información no escrita sobre cómo operaba esa área en la empresa. Al final, para recuperar la información esencial, la empresa tuvo que contratar a esos antiguos empleados y pagarles elevados honorarios por sus servicios como consultores externos.

La falta de habilidad en la influencia de ese director le costó a su empresa una gran cantidad de dinero en honorarios e ingresos perdidos.

Te daré información científica sobre el impacto de la influencia. En un estudio realizado con ejecutivos de ventas de un servicio financiero[1] la competencia de la influencia pronosticó mayores ingresos por ventas. La habilidad de influir es fundamental para una venta exitosa. Resulta revelador que, para los vendedores de mayor nivel y los gerentes, forjar una relación sólida y permanente sea más importante que realizar una venta específica. Los vendedores estrella prefieren conservar al cliente o comprador que venderle algo que lo hará infeliz.[2]

Esto destaca la importancia de la relación misma para la habilidad de la influencia.[3] Establecer confianza parece ser una precondición para que la influencia se facilite. Si deseas cambiar la manera de pensar de alguien, primero necesitas forjar un vínculo que haga que esa persona se muestre más dispuesta a escuchar lo que tengas que decir.

Entre las profesiones de ayuda, la influencia fue la competencia más importante para distinguir a los empleados de desempeño extraordinario.[4] Cuando trabajas en una industria enfocada en ayudar a la gente, el éxito depende de si puedes conectarte con ella y averiguar lo que le importa, ver su perspectiva y utilizar la información para comunicarte de una manera intensa. Para los médicos, por ejemplo, significa que sus pacientes cumplan las instrucciones, sin importar si se trata de hacer más ejercicio o de tomar sus medicamentos.

La influencia tiene un fuerte impacto positivo en el éxito de cualquier ejecutivo, lo cual es particularmente cierto para los líderes que, por ejemplo, tienen muchos grupos distintos que les reportan. Recuerda que el liderazgo es el arte de lograr que el trabajo se lleve a cabo bien a través de otras personas y, a su vez, la influencia es la manera más poderosa de lograrlo. Del mismo modo, la influencia es esencial cuando trabajas con una división sobre la que no tienes autoridad directa, pero cuya actividad es indispensable para tu éxito. No puedes ordenarles a esos empleados que hagan lo que quieras, sino más bien persuadirlos o inspirarlos a que se esfuercen al máximo para lograr el objetivo, que deberás definir con claridad.

Dado que todos tenemos una esfera de influencia personal, todos somos líderes. En lo que se refiere a estilos de liderazgo, el líder visionario que articula una visión sentida que coincide con los otros y los motiva está mostrando un uso obvio de la influencia. Sin embargo, cuando se actúa como mentor o entrenador, hay otro estilo de liderazgo y otra competencia que abren el camino a la conexión personal, que, a su vez, puede ser la carretera para influir en alguien. Hay otros dos estilos de liderazgo, el del buscador de consenso y el del líder afiliador, quienes han identificado lo valioso que puede ser pasar tiempo juntos y construir el tipo de relaciones positivas que les permitirán ejercer influencia durante sus interacciones comunes. Ambos estilos tienen un impacto positivo en el clima emocional.[5]

Por otra parte, hay dos estilos comunes de liderazgo que tienen un impacto negativo en el clima de una organización y obstaculizan la influencia. El marcador de paso, quien solo ve lo que la gente hace mal, nunca ofrece halagos y se enemista con los otros. También el líder a la antigua, al que le gusta dar órdenes y controlar, que solo le dice a la gente qué hacer. Estos estilos generan sentimientos negativos en los integrantes de los equipos y hacen que se cierren a cualquier intento por influir en ellos.

La influencia recurre a la empatía, pues si no se entienden la perspectiva y los sentimientos de la otra persona, influir en ella se vuelve muy difícil. Por esta razón, al igual que muchas competencias de la inteligencia emocional, la influencia funciona mejor cuando se aúna a otras competencias.

La influencia en acción

RICHARD BOYATZIS

Todas las competencias de la inteligencia emocional tienen intenciones subyacentes y comportamientos que indican si se están aplicando con destreza. La intención principal de la influencia es el deseo de lograr que alguien esté de acuerdo contigo. El comportamiento que demuestra esta competencia consiste en hacer cosas que resulten atractivas para el interés propio y en anticipar las preguntas que la gente podría plantear. Muchos indicadores de la influencia son, en esencia, buenas prácticas de ventas. Por ejemplo, los vendedores hábiles les preguntan a los clientes qué necesitan y están preparados para explicar la manera en que el producto que venden puede satisfacer dichas necesidades. De igual forma, los líderes hábiles en la competencia de la influencia buscan información sobre la gente y las organizaciones que dirigen y hablan de tal modo que sus iniciativas atiendan a tales grupos.

A menudo la gente equipara la influencia con el liderazgo mismo. Toda persona es líder en el sentido de que hay una esfera en la que influye, es decir, todos influimos en nuestra familia, nuestro círculo de amigos o en el trabajo. Visto de esta forma, todos somos líderes.

Resulta interesante que demasiada influencia pueda ser un problema en ciertos tipos de liderazgo. Las normas de las distintas organizaciones varían, mientras que la habilidad con influencia requiere un entendimiento de la cultura específica en la que estás trabajando. En algunos contextos, como los de las organizaciones sin ánimo de lucro, si usas la influencia y la gente siente que está siendo presionada a ir demasiado lejos, o si el líder carece de una dosis razonable de humildad, muchos no van a estar contentos.

¿Cómo desarrollar la influencia?

¿Cómo puedes desarrollar tu habilidad para influir en otros? Una manera de refinar o desarrollar esa capacidad consiste en asistir a un buen curso de ventas. Esto no significa que te volverás vendedor, solo te ayudará a definir las maneras en que querrás usar la influencia. Los líderes que cuentan con experiencia en ventas tienen una ventaja en cuanto el uso de la influencia.

Para quienes no hemos trabajado como vendedores hay otras maneras de practicar. Una de ellas es eligiendo una dificultad en el trabajo o la familia, pensar en la decisión que necesita tomarse y considerar a los involucrados. ¿Qué serviría para animar a esas personas a estar de acuerdo contigo en este asunto o decisión? ¿Qué es lo que les interesa? ¿De qué forma tu postura coincide con lo que les importa?

Una vez que hayas entendido la perspectiva de los otros, haz una lista de las razones por las que alguien se beneficiaría de una actividad o decisión que crees que ayudaría a tu organización. Hacer esta lista te ayudará a prepararte para las discusiones en las que demostrarás que no solo entiendes tus propias razones para respaldar una propuesta, sino también la forma en que los demás se verían beneficiados. Por último, la lista mostrará que eres consciente de las inquietudes de los demás y que te interesa abordarlas.

Otra forma de practicar es uniéndose a la causa o preocupación de alguien más. Por ejemplo, indicándole cómo hacer mejor algo que le ayudará a obtener lo que desea. Digamos que en tu oficina hay una persona cuya falta de habilidad con un programa informático la obliga a pasar más tiempo del necesario realizando su trabajo. Puedes ofrecerte a darle algunos consejos para que desarrolle sus competencias podría servir para que llegue a apreciarte en poco tiempo y que sea más receptiva cuando tú solicites su apoyo para cumplir tus objetivos.

Antes de entrar a una reunión para discutir una nueva idea, piensa en hablar con una persona específica y formar una alianza con ella. Insisto, esto implica prestar atención a la manera en que sus preocupaciones se relacionan con la nueva idea, en lugar de solo presionar y promover tu opinión.

Como todas las competencias de la inteligencia emocional, la influencia interactúa con otras. Por lo tanto, si deseas aumentarla, además de practicar será necesario que desarrolles la habilidad de la empatía y la conciencia organizacional.

Tres empresas, tres caminos a la influencia

Peter Senge

Al escribir el libro *La revolución necesaria*, me enfoqué en la manera en que los individuos y las organizaciones trabajan en conjunto para crear un mundo más sostenible. Vi muchos ejemplos de personas que causaron un gran impacto en su empresa, a pesar de que no se estaban en un puesto de alto nivel, lo que usualmente hemos encontrado en nuestra experiencia del cambio sistémico. Cuando se habla de un cambio profundo y a largo plazo, no es raro que la gente exagere la influencia del director ejecutivo. Estas son las historias de tres de esas empresas.

Conoce la cultura de tu empresa

Como en todo proceso de cambio, trabajar con ahínco para tener mayor sostenibilidad es algo que depende del contexto. Tienes que conocer tu empresa, a su gente, la cultura y su funcionamiento. La sensibilidad a la cultura siempre es importante, pero no se trata solo de ser sensible a ella, también debes respetarla. Según un viejo dicho del ámbito de la organización comunitaria, todas las revoluciones comienzan alrededor de una mesa en una cocina. Uno empieza de poco a poco, de manera informal. En Nike, por ejemplo, hubo dos mujeres que, aplicando esta estrategia, se comunicaron directamente con los diseñadores, pues su intención era lograr que la organización eliminara los desechos y las toxinas de sus productos. Sabían que lo que estimulaba a la gente en la empresa era la innovación, crear nuevas cosas. De hecho, una de las máximas de Nike es: «Nuestra naturaleza es innovar».

Aquellas dos mujeres le echaron un vistazo al organigrama de la empresa y se preguntaron: «¿Quién tiene mucha influencia? ¿Cuál es nuestro camino natural? ¿Quién tiene influencia para avanzar en el camino?». Una de ellas era Darcy Winslow, quien en aquel tiempo dijo: «Pensamos en los veinticinco mil empleados». Acababa de leer el libro *Tipping Point*, de Malcolm Gladwell, y eso la instó a pensar: «Cinco, siete u ocho por ciento, algo así podría representar una masa crítica: sin embargo, el 5% de veinticinco mil, ¡es una gran cifra!». Luego pensó en otro aspecto: «¡La innovación! Los diseñadores. Muchas de las figuras míticas de la empresa son diseñadores». ¿Quién diseñó el calzado de Michael Jordan o Kobe Bryant? Todos en Nike sabían quién era esa persona. Darcy empezó a tocar puertas y hablar con diseñadores, aunque a algunos los conocía y a otros no.

Cuando se encontró con ellos, no solo trajo su preocupación a la reunión, sino que también trajo consigo los datos que arrojó un estudio toxicológico que ella misma, en su papel de directora de Investigación Avanzada, había encargado que se realizara en torno a los materiales usados en las deportivas Nike. Eso le permitió explicarles a los diseñadores con exactitud cuáles de los materiales eran tóxicos incluso después de desecharse y, a su vez, les habló de los otros, de los que nadie sabía cuáles podrían ser las consecuencias. Solo les pidió unos minutos de su tiempo y se presentó sin ningún otro plan más que despertar su interés. «En general, en menos de cinco minutos me daba cuenta de a quién le importaba el asunto —dijo—. Algunos paraban en seco y decían algo como: '¡Vaya! Esto es muy importante, deberíamos hablar más al respecto'».

Darcy se dio cuenta de que también tendría que ir más allá de la mentalidad de que los problemas de toxicidad solo tenían que ver con «ser menos dañinos». Para una empresa que adora la innovación, no veía demasiada energía para tratar de eliminar unas cuantas toxinas. Solo era una tarea más que no era necesario realizar. Pasado algún tiempo, Darcy comprendió que la clave para hacer fluir la creatividad de los diseñadores era preguntarles: «¿Qué queremos hacer respecto a lo que nadie ha hecho nada?», y luego llegar a un punto en la conversación en el que alguien más preguntaba: «¿Se refiere a fabricar un calzado deportivo que no contenga ningún tipo de pegamento? Justo ahí es donde muchas de las toxinas se encuentran, en los adhesivos que se usan para pegar las suelas a la parte del empeine del calzado. ¡Vaya! Nadie ha hecho eso con el calzado para correr de clase mundial. Nadie sabe cómo hacerlo desde la perspectiva económica y de tal manera que el calzado no se desarme a la mitad de una carrera importante». Y, en ese momento, los diseñadores se entusiasmaron.

La paciencia con que Darcy abordó la tarea de involucrar a la gente fue muy distinta a la de muchos otros que consideraban que su misión era averiguar cómo hacer que los demás hicieran algo que no querrían hacer de otro modo. Darcy no creía que su papel consistiera en convencer a alguien. Al principio solo se propuso informar, preguntar: «¿Sabemos lo que contienen nuestras deportivas?». Luego planeaba instarlos a pensar en el problema a solas. No tenía respuestas, pero le parecía que contaba con información que mostraba que había una problemática de estrategia. También sabía que debía intuir y «seguir la energía». Guiada por la noción de la masa crítica, estaba preparada para descubrir que muchos se sentirían interesados, aunque no se involucrarían demasiado. No obstante, fue persistente y, poco después, ya tenía a veinte de los diseñadores más respetados de Nike inmersos en conversaciones serias. Se reunieron y empezaron a hablar de emocionantes e importantes cambios.

Tres o cuatro años después ya había un enorme movimiento y, ahora, en el sitio de Internet de Nike, puedes ver los objetivos corporativos de cero desperdicio, cero toxicidad y una «producción de bucle cerrado» (cero desechos al vertedero) para toda su línea de productos. A lo largo del viaje, Darcy logró aprovechar la idea guía que sustenta a las visiones reales: «No se trata de lo que es la visión, sino de lo que logra. Ha sido y seguirá siendo un viaje largo, y todavía quedan facetas por atender, pero creo que es justo decir que la cultura de Nike ha evolucionado para implementar ideas que antes no teníamos». Las banderolas publicitarias con imágenes de atletas famosos en todo el campus corporativo que antes decían «Innovar», ahora dicen «Innovar para un mundo mejor».

En mi opinión, estas son algunas de las lecciones sobre la influencia en esta historia:

- El verdadero cambio suele suceder de manera informal, con gente que sabe escuchar, que respeta la cultura y busca oportunidades.
- Las estrategias eficaces llevan a la gente de un estado reactivo de resolución de problemas a una orientación creativa. ¿Qué es lo que de verdad queremos crear?
- Busca preguntas o temas que hagan a la gente espabilarse. En la cultura de Nike, la idea que lograba esto era: «Nadie ha hecho esto antes».
- No te preocupes por tratar de convencer a todos de «sumarse al proyecto». En lugar de eso, forma una masa crítica de gente que tenga influencia y luego apóyala para extender esa influencia.
- Cuando se trate de asuntos que de verdad te preocupan, olvídate de la posición moral superior de «tengo que lograr que la gente haga esto» y mejor encuentra los lugares en que tus intereses coincidan de forma natural con los de los otros. Si las problemáticas realmente lo merecen, a los demás les preocuparán también. «Si no hacemos esto, nuestra empresa podría venirse abajo».

Entiende las sutilezas de luchar por algo

De manera invariable, influir en otros depende en gran medida de saber cómo comunicar tu mensaje. En algún momento, Coca-Cola contrató a un vicepresidente con mucha experiencia y conocimientos para que se hiciera cargo de asuntos ambientales y de responsabilidad social. El vicepresidente encargó la realización de un estudio muy razonado en el interior de la empresa para analizar el agua, región por región, de las zonas en las que la empresa tenía proyectado crecimiento de negocios. Cuando presentó el informe en el consejo consultivo, trajo consigo un mapa en el que se mostraba cuánto querían crecer en cada región y lo superpuso a un mapa donde se había marcado la carencia de agua actual y a futuro. De esta forma, mostró que muchas de las regiones donde la empresa planeaba crecer tenían la perspectiva de una fuerte escasez de agua. Todos estaban muy atentos, escuchando, asimilando. Su presentación estuvo bien preparada, por lo que imaginó que lograría hacer que se dieran cuenta de que la estrategia de negocio se hallaba en riesgo. No resulta sorprendente que, varios meses después, le intrigara lo que sucedió: nada. El vicepresidente estaba confundido y desconcertado porque sentía que había presentado un argumento lógico y convincente.

Cuando volvió y habló con los miembros del consejo, le dijeron que su presentación había sido muy lógica, pero que no sabían qué hacer al respecto. Como no provenía del mundo de los negocios, el nuevo vicepresidente no comprendía que muchas de las decisiones clave que un consejo debe tomar se reducen a términos financieros. Los miembros están familiarizados con el lenguaje de los retornos, el tiempo para recuperar una inversión, los índices mínimos y el riesgo financiero, pero no con el de la escasez de agua. En cuanto comprendió esto, buscó a alguien que, a partir de su análisis de escasez, generara un modelo financiero de análisis de riesgo. Seis meses después, con la misma información básica, volvió a encontrarse con el consejo y presentó su sofisticado modelo. Los miembros del consejo respondieron de inmediato y tuvieron un acalorado debate respecto a las implicaciones de sus opciones y consecuencias. El problema de su primera presentación no tuvo nada que ver con valores o con la preocupación sobre las dificultades subyacentes, sino con el lenguaje. Aunque al principio se comunicó con los miembros del consejo en un lenguaje que les atrajo como seres humanos, los dejó en una situación difícil respecto a la manera que veían su papel como individuos con capacidad de tomar decisiones de responsabilidad fiduciaria para el bienestar del negocio. La lección es sencilla: cuando les presentes asuntos complejos a quienes toman las decisiones, encuentra el modo de reunirte con ellos y ayudarles a tener una conversación en la que se puedan involucrar con seriedad.

Desvela el ADN cultural de tu empresa

En otro contexto, vi a una mujer que trabajaba en Costco y pasó varios años tratando de persuadir a sus ejecutivos de que deberían preocuparse por la pobreza en las comunidades de cultivo. Dado que Costco es el segundo proveedor de alimentos más grande en Estados Unidos, venden muchos productos alimenticios. La mujer estaba convencida de que podrían ser una fuerza en verdad positiva, por lo que insistió en una estrategia tipo: «Deberíamos hacer esto. Podríamos tener un impacto y, sin duda, beneficiará al mundo». La gente asentía y estaba de acuerdo con ella, pero no sucedía nada.

Después de sentarme y estar en una de las reuniones con esa mujer, le dije: «He escuchado lo que decía la persona con la que estaba usted hablando y me he dado cuenta de que algo la ha hecho conectarse con usted, e incluso le ha dado un consejo, pero me parece que usted no lo ha escuchado. Lo que ha dicho fue: 'Somos una empresa de apretones de mano'». La mujer me respondió: «Sí, es una de nuestras frases. Nos consideramos lo opuesto a los minoristas de las grandes tiendas departamentales que crucifican a sus proveedores por coste, calidad o lo que sea. Nuestra tendencia es contar con una cantidad limitada de proveedores a largo plazo y trabajar con ellos».

«Eso es el ADN cultural», le dije. «Ese hombre le ha dado uno de los componentes clave del ADN y usted no lo ha aprovechado», añadí. La mujer me preguntó a qué me refería y le recomendé volver a hablar con aquel hombre y decirle: «Somos una empresa de apretones de mano porque a lo largo de los años hemos aprendido que la clave de la innovación que nos permite continuar aumentando la calidad y bajando el precio es la colaboración con nuestros proveedores. Trabajamos en equipo con ellos para que su negocio tenga éxito y puedan seguir invirtiendo en la mejora de su relación con nosotros. En cuanto a nuestros alimentos, sin embargo, a menudo compramos a proveedores al por mayor, sin considerar que dependen de una cadena de abastecimiento más extensa que va de vuelta a los agricultores. Si los ayudamos a ver que su filosofía esencial es sólida, pero necesitan extenderla más allá a lo largo de la cadena de abastecimiento, podría tener resultados distintos. Ayúdeles a ver que el bienestar de las comunidades de agricultores es esencial para su modelo de negocios». La mujer hizo justo eso y el vicepresidente le dijo después: «¿Por qué no solo me explicó las cosas como son? ¿Que si no hacemos esto, no tendremos abastecimiento de calidad en diez años?». A lo que ella contestó: «No se me ocurrió pensarlo de esa manera, parecía demasiado simple».

El principio aquí es que una buena empresa que lleva tiempo operando tiene cierto «ADN generativo», es decir, algunos elementos que son esenciales para su éxito. En el caso de Costco, contar con proveedores confiables y de calidad a largo plazo es esencial para su éxito como negocio. En cuanto notan la relación entre la sostenibilidad y ese ADN generativo, las cosas se disparan.

En estos tres ejemplos, el entendimiento profundo y el aprecio por la calidad interna esencial de la organización fue la clave para tener influencia. Antes de tratar de convencer a gente de sumarse y apoyar tus ideas, haz tu investigación y examina tus motivos: ¿tratas de tener razón o en verdad quieres ayudar? ¿Estás dando por sentado que los otros no están de acuerdo contigo o les das el beneficio de la duda y aceptas que podrían tener los mismos valores que tú y con el mismo alcance?

A fin de cuentas, la influencia tiene que ver con los valores y las relaciones con respetar y escuchar a otros sin olvidar lo que tratas de defender. En lugar de pensar: «¿Cómo podría influir en estas personas?», piensa: «¿Cómo podríamos, juntos, descubrir maneras de avanzar en equipo y abordar estas problemáticas complejas que, quizá, aún no hemos comprendido bien?».

Los equipos y la influencia

VANESSA DRUSKAT

Mis colegas y yo definimos la inteligencia emocional (IE) de los equipos (IE del equipo) como la cultura grupal que se forja gracias a una serie de normas que constituyen un ambiente social y emocional productivo —en otras palabras, confianza—, el cual conduce a interacciones constructivas, procesos laborales colaborativos y eficiencia en el equipo. Como la definición insinúa, construir la cultura que fomente la inteligencia emocional del equipo implica adoptar una serie específica de normas grupales.[6] Estas normas las dividimos en tres categorías: *1)* normas enfocadas en la manera en que los miembros interactúan entre sí (por ejemplo, entendimiento interpersonal, señalar el comportamiento contraproducente y tener un comportamiento de preocupación por otros); *2)* normas enfocadas en la forma en que los miembros interactúan con el equipo entero (por ejemplo, autoevaluación del equipo, generación de recursos emocionales, creación de un ambiente afirmativo, resolución proactiva de problemas), y *3)* normas enfocadas en las interacciones con grupos y gente externos al equipo (por ejemplo, entendimiento organizacional, construcción de relaciones externas).

Las normas del equipo son expectativas y reglas informales que influyen y regulan la manera en que los miembros se comportan. Todos los equipos tienen normas y, de hecho, en la mayoría surgen sin un esfuerzo consciente. Las normas afectan a todos los aspectos del funcionamiento del grupo e involucran las expectativas respecto a situaciones como si el equipo empieza o termina sus reuniones a tiempo, si está permitido interrumpir a los oradores, si es aceptable que los integrantes revisen sus ordenadores o teléfonos móviles durante las reuniones, cómo se abordarán los desacuerdos, si se espera que todos hablen, si están permitidas las conversaciones al margen mientras alguien está hablando, etcétera.

Las investigaciones muestran que el desarrollo deliberado y la aplicación de las normas grupales eficaces, como las de inteligencia emocional del equipo, son dos de las maneras más eficientes de mejorar el funcionamiento del grupo.[7] No obstante, muchos líderes e integrantes no se dan cuenta de lo difícil que es aplicar y reafirmar la aplicación de las normas para lograr la diferencia que planearon. Por ejemplo, crear una norma que especifique que ningún integrante podrá ser interrumpido cuando esté hablando es una idea maravillosa, pero interrumpir una discusión del equipo para aplicar o reforzar la norma, y hacerlo de tal forma que en verdad marque la diferencia, puede ser muy difícil. Requiere de habilidades relacionadas con la competencia denominada influencia.

La aplicación de las normas puede realizarse de dos maneras. En primer lugar, descubrimos que las Normas de los Equipos con IE son más propensas a surgir y «permanecer» si los líderes muestran sus habilidades y competencias de influencia y las usan para aplicar las normas. En segundo lugar, los integrantes del equipo pueden influir los unos en los otros de forma consistente con normas en las que se pusieron de acuerdo previamente. Nuestro Modelo de Inteligencia Emocional del equipo incluye una norma que facilita este método. La denominamos «generación de recursos emocionales». Esta norma implica desarrollar herramientas que permiten a los integrantes ofrecer, de una manera más rápida y sencilla, retroalimentación y otros mensajes que podrían ser difíciles.

Las competencias de influencia del líder y las Normas de los Equipos con IE

Mi colega Joan Manuel Batista-Foguet, académico de la Escuela Superior de Administración y Dirección de Empresas (ESADE) en

Barcelona, España, y yo estudiamos el surgimiento de las Normas de los Equipos con IE mediante una muestra internacional de estudiantes de maestría en Administración de Empresas que trabajaban proyectos reunidos en equipos en escuelas de negocios en Estados Unidos y España.[8] Cabe señalar que la edad promedio de los estudiantes era de 27 años y la mayoría había acumulado varios años de experiencia laboral antes de ingresara en la maestría. Aunque técnicamente los equipos se autogestionaban, la investigación y la experiencia muestran que siempre surgen líderes informales en este tipo de grupos.[9] Por esta razón, les pedimos a los integrantes que identificaran a la persona o personas que destacaban como líderes emergentes en los equipos. Cada uno de los estudiantes completó una versión de calificaciones múltiples del Inventario de Competencias Emocionales y Sociales (ESCI, por sus siglas en inglés).[10] Hacia el final del semestre también medimos las normas de IE que nos parecían evidentes en los equipos y luego examinamos que competencias emocionales y sociales del líder pronosticaban la adopción de las normas de IE por parte del equipo.

De manera general, de acuerdo con las calificaciones que otros integrantes proveyeron en el ESCI, los resultados mostraron que la competencia más importante para pronosticar si un equipo adoptaría las normas de IE enfocadas en las relaciones —las cuales sustentan el desarrollo de seguridad psicológica y confianza en un equipo— era la influencia del líder. El liderazgo del equipo y la influencia son sinónimos en algunos aspectos. Nuestros hallazgos sugieren que esto sucede sobre todo cuando un líder está tratando de convencer al equipo de aceptar de corazón normas no relacionadas con las tareas que, al principio, los integrantes podrían no reconocer inmediatamente como algo relevante para los resultados. No obstante, los líderes con inteligencia emocional suelen reconocer que la colaboración en el equipo exige de interacciones eficaces entre los integrantes y, a su vez, que estas interacciones se construyen a partir de la confianza que se forja gracias al comportamiento y las normas enfocadas en las relaciones. Así pues, formar un equipo que realmente sea colaborativo exige aplicar y reforzar normas de la IE, como: entendimiento interpersonal, comportamiento de preocupación por los otros y la construcción de relaciones externas. En nuestra investigación descubrimos que las competencias de influencia del líder eran en particular necesarias para aplicar y reforzar estas normas que, en apariencia, no se relacionan con las tareas. Cabe señalar que nuestra investigación también muestra que dichas normas son fundamentales para forjar el capital social que se requiere para lograr los niveles más elevados de desempeño.[11]

Influencia de los integrantes del equipo en las normas de la IE

Una de las normas más populares de nuestro modelo de IE para equipos es la que se denomina «generación de recursos emocionales». Esta norma exige que el equipo desarrolle herramientas para facilitar que los miembros se expresen y ofrezcan retroalimentación entre sí, o que se manifiesten cuando les parezca que el equipo está soslayando algo relevante. Estas herramientas funcionan mejor cuando el equipo las elige. Un equipo con el que trabajamos, por ejemplo, desarrolló una serie de tarjetas rojas y verdes. Cuando algún integrante rompía una norma, levantaban una tarjeta roja, y, al contrario, cuando un integrante hacía algo que fortalecía una norma, levantaban una tarjeta verde. Así pues, cuando alguien interrumpía a quien estaba hablando, los otros levantaban una tarjeta roja para recordarle la norma. Este comportamiento se reforzaba cuando el miembro que había sido interrumpido levantaba una tarjeta verde para recompensar al integrante que levantó la tarjeta roja. Otro equipo con el que trabajamos decidió usar un elefante de peluche para señalar la violación de la norma, un comportamiento positivo o para crear el espacio necesario para alertar al equipo cuando se desviaba del tema durante una discusión. Era una forma graciosa y divertida de darles a los integrantes la oportunidad de expresarse en momentos en los que, de otro modo, detener el flujo de una reunión o discusión representaría una interrupción. En nuestra labor descubrimos que estos «recursos emocionales» o herramientas eran una de las maneras más eficaces de aplicar o reforzar las normas del equipo y, por lo tanto, de influir en su comportamiento y resultados.

Resumen

Es importante mencionar que, a menos que un o una líder use sus competencias de influencia para respaldar y, a veces, forzar al equipo a adoptar normas grupales eficaces, las normas no se materializarán. Incluso el uso de los «recursos emocionales» podría olvidarse con facilidad, a no ser que los líderes recuerden a los integrantes que deben usarlos. A veces habrá una sensación de interrupción, en especial cuando el grupo apenas empieza a adoptar una nueva norma, aunque al final los equipos son mucho más propensos a desarrollar su inteligencia emocional si sus líderes formales e informales están dispuestos a usar sus propias competencias de inteligencia emocional y social para aplicar y reforzar las normas de la IE.

Influencia y desempeño del líder

MATTHEW LIPPINCOTT

A los líderes con autoconciencia y autocontrol emocional se les facilita influir en otros y cultivar relaciones eficaces. Este es uno de los hallazgos de la investigación doctoral sobre la eficacia del liderazgo y la atención consciente que desarrollé en la Universidad de Pensilvania en 2016.[12] En este estudio, los líderes realizaron entrevistas en profundidad en las que exploraron la manera en que la atención consciente o *mindfulness* contribuía para lograr resultados específicos y un mejoramiento general de la eficacia. Analicé las transcripciones utilizando el ESCI para identificar competencias de la inteligencia emocional y social. En la investigación incluí a 42 líderes y recolecté datos de 83 organizaciones internacionales. Los líderes dijeron que su habilidad para influir en otros mejoró después de que desarrollaran una mayor conciencia de sí mismos. Esto les proveyó de una nueva perspectiva en cuanto a la importancia de la conciencia social y otros aspectos del manejo de las relaciones. La información también tuvo un impacto positivo en sus habilidades de autocontrol emocional, lo cual condujo a una mayor capacidad de influir en otros y de forjar relaciones más eficaces.

Uno de los beneficios resultantes de este proceso fue la mejoría en la capacidad de entender la naturaleza de las interacciones con beneficio mutuo. Para comprender esto, los líderes tenían que dar fin, de forma consciente, a la manipulación y los objetivos egoístas y enfocar su atención en las necesidades de los otros.

Un líder senior, que trabajaba en la industria bancaria y en una reconocida firma de consultoría internacional comentó: «Cobré más conciencia de la importancia de entender a fondo las necesidades de quienes me reportaban directamente, de saber lo que sentían, estar al tanto de sus dificultades y desafíos y de averiguar cómo podía ayudarlos a mejorar su desempeño. Así, luego ellos podrían ayudarme y juntos lograríamos incluso mejores resultados».

Una líder que ha ocupado puestos de directora financiera en tres corporaciones líderes describió el modo en que trabajaba con otros al principio: «Necesito esto de inmediato, ¿por qué no respondes? Voy a hablar con tu jefe». Y lo comparó con la estrategia que utiliza en la actualidad, a través de la cual trata de interactuar de manera colaborativa con sus compañeros de trabajo: «Estoy haciendo mi máximo esfuerzo para que esto sea lo menos doloroso posible y, al mismo tiempo, para cumplir con las regulaciones, así que apreciaría tu ayuda».

Los líderes que comprendieron cómo volverse más influyentes reportaron un éxito significativo en su carrera, el cual incluía ascensos, transformaciones en la organización y un exitoso manejo de situaciones de crisis. Muchos de los reportes revelaron un incremento en la comprensión de lo relevante que era contar con el apoyo de los compañeros de trabajo. A medida que los líderes asimilaban esto, se iban enfocando más en desarrollar relaciones respetuosas y de confianza con sus subordinados, colegas y superiores. Mostrar constantemente honestidad, integridad y autenticidad en sus interacciones con estas personas permitió a los líderes aumentar de forma importante su capacidad de influir en ellas.

Una historia verdadera de la influencia de un líder

Nathan (hemos cambiado los nombres de esta anécdota), director de recursos humanos de un famoso centro vacacional en Estados Unidos, compartió con nosotros una historia sobre la manera en que influyó con éxito en un resultado positivo durante un proceso de contratación que pudo haber resultado conflictivo. Durante la búsqueda externa de un nuevo director del Departamento de Tecnología de la Información, alguien que ya trabajaba ahí solicitó el puesto. Se llamaba Charles. Algunos de los colegas de Charles le comentaron a Nathan que les parecía que era una persona inmadura en el aspecto emocional y que no contaba con lo necesario para dirigirlos.

Nathan decidió permitir que Charles participara en todo el proceso de contratación, lo cual incluía que le hicieran una entrevista y que él entrevistara a otros candidatos porque sería la persona que los dirigiría. No resulta sorprendente que, al acabar la entrevista, los otros integrantes del comité de contratación llegaran a la conclusión de que no estaba cualificado para el puesto. Nathan descubrió lo valioso de esta experiencia, se dio cuenta de que el proceso puso al tanto a Charles de algunas de sus carencias profesionales y le permitió una mejor comprensión de las competencias que requería ese puesto de liderazgo.

En cuanto fue claro que Charles no era un candidato viable, algunos de los otros miembros del comité le preguntaron a Nathan por qué continuó incluyéndolo en la actividad de contratación, y él respondió que, a través del proceso de contratación estaban desarrollando a todo el Departamento de Tecnología de la Información y cultivando la lealtad de los empleados.

Menos de una hora después de entrevistar en privado al candidato que terminó siendo contratado, Charles les envió un correo electrónico a todos para decir que le parecía que el candidato era la mejor persona para el puesto. También comentó que apreciaba la manera respetuosa en que lo habían tratado a él durante el proceso, que le habían dado la oportunidad de expresar sus inquietudes y respondieron directamente a sus preguntas. En su mensaje también dijo que estaba «preparado para apoyar al cien por ciento la decisión» y que haría «todo lo necesario para que (el candidato elegido) tuviera éxito». Nathan reportó que Charles había jugado un valioso papel al explicar a los otros empleados por qué habían elegido a ese candidato. Además, sentía que había avanzado de manera importante en su comprensión de las competencias que necesitaba desarrollar para, algún día, convertirse en un candidato viable para el liderazgo.

Nathan describió su estrategia diciendo que se enfocaba en la comprensión de que todos los involucrados en el proceso tenían que seguir su propio camino hacia una decisión con la que estuvieran cómodos. Al respetar ese camino, en lugar de tratar de controlarlo, Nathan también evitó traer a la organización a un líder de tecnología de la información que dependiera de un empleado resentido. Resumió el resultado diciendo: «Nos ganamos a este joven técnico junior y ahora nos apoya al cien por cien, no solo en la elección del líder, sino también en nuestra estrategia como empresa. Se ha convertido en un embajador de la organización. Creo que hubiéramos podido hacer muchas cosas de una manera menos consciente, las cuales no habrían ayudado a obtener un resultado tan favorable».

Una última cosa que podríamos decir a favor de Nathan es que no abordó la situación enfocándose en pensar quién era el mejor candidato, sino que más bien comprendió cómo facilitar un proceso en el que todos los participantes terminaron sintiendo que su aportación fue valorada: «Yo sabía que él era el candidato idóneo, pero eso era secundario; lo que importaba era que lo supieran por lo menos otras seis personas», explicó.

Cultivar la competencia de la influencia

MATTHEW TAYLOR

Los líderes eficaces usan la influencia para conmover a la gente e inspirarla a actuar. Lo hacen con dos acciones simultáneas: comunicando que creen en sus equipos, apelando a sus valores, y estableciendo para ellos elevadas expectativas en cuanto al crecimiento y el logro. Cuando los líderes usan la influencia de la manera correcta, sus equipos dicen: «Sé que mi líder cree en mí porque le importo lo suficiente para que me inste a esforzarme más».

No todos los líderes comprenden esta competencia desde el principio. Quienes se sienten incómodos usando su influencia podrían, sin proponérselo, permitir que sus empleados tengan un desempeño mediocre. Los que se aferran a su control o solo se enfocan en los resultados podrían desmotivar a su gente. Actualmente trabajo como director senior de liderazgo adaptativo de Achievement First (AF), una red de escuelas privadas subvencionadas, instituciones en las que creemos que la influencia tiene un punto óptimo. Le llamamos «exigencia con calidez» (*warm-demanding*), un término que acuñó Lisa Delpit para describir a los maestros que forjaban, más allá de las fronteras que imponían las diferencias, relaciones con un alto nivel de influencia entre sus estudiantes.[13] Nuestro entrenamiento para el liderazgo de exigencia con calidez ayuda a que los líderes a quienes les cuesta trabajo la influencia encuentren el punto óptimo en el que deberían llegar a creer profundamente en sus equipos y esperar de ellos el más elevado desempeño de manera inquebrantable.

Averigua cuál es el obstáculo

Los líderes que no logran mostrar calidez y exigencia al mismo tiempo deben entender, antes que nada, cuáles son sus obstáculos internos. Estos suelen implicar situaciones que han vivido con empleados, sus creencias respecto a las relaciones y el liderazgo, así como temores vinculados con sus creencias.

El facilitador involuntario suele pensar que los líderes necesitan formar relaciones positivas y de apoyo con la gente que les reporta de manera directa, así como evitar los conflictos. El controlador negativo suele creer que tener una relación personal con quienes le reportan debilita su posición como un líder capaz de dirigirse hacia los resultados. Cuando los líderes las desarrollan demasiado, ambas creencias limitan su eficacia.

Estos dos tipos de líderes tienen algo en común: una percepción equivocada o, digamos, una historia errónea respecto a la gente. Para colmo, sin darse cuenta comunican esta historia cuando sus acciones se traducen en lo que sus equipos interpretan como falta de fe en ellos. Ambos olvidan que, como humanos, las historias tienen un impacto en todas nuestras interacciones con los demás porque no podemos ocultar las emociones que hay detrás de ellas. Al no involucrarse cuando alguien tiene un desempeño mediocre, los facilitadores involuntarios no solo normalizan este tipo de desempeño, también envían un mensaje explícito que indica que no creen que quienes les reportan sean capaces de crecer. Los controladores negativos se involucran de una manera correctiva en lugar de hacerlo constructivamente, la cual comunica la falta de fe en la habilidad y una falta de preocupación. Así pues, a pesar de tener estilos de liderazgo opuestos, el facilitador involuntario y el controlador negativo desmotivan a sus equipos con estas acciones. Los entrenadores pueden deconstruir la retroalimentación de los interesados y las interacciones ineficaces con el personal, todo lo cual sirve para que los líderes vean con claridad el impacto de sus creencias, historias y emociones respecto a otros.

Lidia con los obstáculos y apalanca las fortalezas

Una vez que los líderes se dan cuenta de cuáles son los obstáculos que les impiden tener un liderazgo tipo «exigencia con calidez», pueden empezar a lidiar con ellos. Los entrenadores pueden apoyar a los líderes para hacer surgir otras creencias que pudieran tener con el objetivo de ejercer una influencia más eficaz. Un facilitador involuntario que cree en la capacidad de su gente para aprender puede canalizar ese valor diciéndose: «Si de verdad creo en esta persona, pero NO logro conmoverla, estaré frenándola. Mi labor consiste en ayudarla a alcanzar su potencial completo». De igual forma, los controladores negativos podrían aprovechar sus motivos para el logro y usarlos para presionarse a sí mismos y averiguar qué motiva a sus empleados. Podrían decirse: «Si quiero que esta persona alcance tal objetivo, tengo que encontrar la manera de hacer que se involucre y comprometa para que no se sienta desmotivado o desmotivada». Este tipo de conversación interna basada en los valores puede ser una poderosa estrategia de autogestión.

¿Qué necesita el equipo?

Una vez que los líderes son conscientes de sus obstáculos y empiezan a lidiar con ellos, pueden enfocar más su atención en su conciencia social. La pregunta fundamental que les presentamos a los líderes para medir esta habilidad fue: «¿Qué necesita el equipo?». Nota que la pregunta no es: «¿Qué *quiere* el equipo?». Los líderes deben averiguar qué condiciones necesitan crear en un contexto específico para ayudar a la gente a actuar. El líder siempre deberá considerar muchas variables que dependen de la gente, como sus emociones, valores, objetivos, niveles de autoconciencia, resistencia y habilidad. Por último, lo que el equipo, individuo o grupo necesita es una combinación personalizada de calidez y exigencia.

El líder consciente del entorno social primero escucha y descifra la necesidad en el momento y toma decisiones de acuerdo con ello. Luego, para causar en la gente el impacto que desea, se desplaza con habilidad y pasa de la calidez a la exigencia, o incluso las combina y transforma en una afirmación influyente. Dependiendo de lo que necesite el equipo, los movimientos del líder podrían ir de expresar una profunda y auténtica fe en la otra persona a una brutal honestidad respecto al desempeño o los resultados. Lo importante aquí es que, para alcanzar el objetivo, quien influye de manera eficaz toma decisiones informadas respecto a las relaciones en lugar de decidir a partir del miedo, la ira o sus necesidades personales.

Para forjar en el líder la capacidad de diagnosticar con precisión lo que necesita el equipo, un entrenador crea un espacio para que reflexione sobre la práctica al mismo tiempo que lleva a cabo su labor de liderazgo. Una forma eficaz de hacer esto es por medio de interacciones simuladas con juego de rol en los equipos. Lo que hace el entrenador es observar una reunión simulada y detenerla justo cuando uno de los miembros informa al líder sobre cuáles son sus necesidades. Luego apoya al líder para que reflexione sobre lo que tal vez necesite la persona para sentirse motivada a actuar. De esta manera, el entrenador facilita el crecimiento del músculo de la influencia. En ese momento, el líder está aprendiendo a estar verdaderamente presente con la otra persona, a leer entre líneas para detectar señales emocionales y a confiar en su intuición. Estas son algunas de las preguntas que el entrenador debería formular en este instante:

- ¿Dónde te encuentras en este momento? ¿En tu cabeza, en tu persona (lo que crees que debería ser un líder) o con tu equipo?
- ¿Qué necesita el equipo (o esta persona) justo ahora? ¿Por qué? ¿Cómo lo sabes?
- ¿Cómo te sientes en este instante? ¿Por qué? ¿Qué te dice eso respecto al lugar donde te encuentras o a lo que esta persona necesita ahora?

Acepta el desafío del desastre

Los líderes que llegan a este punto pueden diagnosticar con precisión lo que requieren sus equipos y elegir la estrategia de influencia más eficaz, pero podrían no estar listos para ejecutarla de manera correcta. El facilitador involuntario podría saber que necesita ser directo, aunque eso no significa que pueda empezar a serlo, pues tal vez necesite mucha práctica. Una vez más, la estrategia principal debería basarse en las conversaciones de juego de rol con el personal. Los entrenadores tendrán que recordar a los líderes, en tiempo real, que deben permanecer fuera de su cabeza, lidiar con las emociones y creencias que los limitan y escuchar con atención lo que requieren sus equipos. Sin embargo, para llegar a la influencia, es importante que los entrenadores también presionen a los líderes a aceptar el desafío del desastre. Al usar esta palabra, los entrenadores de AF tratan de ser provocadores deliberadamente para presionar a los líderes a ir más allá de su deseo de marcar límites inmaculados o de ser los líderes que creen que deberían ser. Durante la práctica los entrenamos para que, antes que nada, salgan de su cabeza o de su papel de líder y hablen con la verdad, incluso si la situación es desastrosa. Al terminar la práctica le preguntamos a la persona que está representando el papel de quien le reporta de manera directa (en caso de que no sea el entrenador) cómo ha sentido la interacción. Con el paso del tiempo y la práctica, estos líderes llegan a comprender que ser como son en realidad, sin máscaras e incluso si las cosas están fuera de control, es una actitud mucho más influyente que el espectáculo que usualmente montarían para la gente.

Conclusión

DANIEL GOLEMAN

Un ingeniero hidráulico de un país africano que trabajó para una empresa internacional de energía recordaba con frecuencia su pueblo natal, el cual sufría sequías constantemente. Siempre había una crisis de agua en el país porque el gobierno no cavaba los pozos con la profundidad necesaria y en muchos pueblos ni siquiera los había. Al ingeniero se le ocurrió que su empleador podría establecer una división que ayudara a administrar sus recursos hidráulicos a países como el suyo, pero su idea no tenía mucha oportunidad de ganar terreno en la empresa, a menos que hubiera un modo de que produjera suficientes ingresos.

El ingeniero pasó bastante tiempo pensando cómo presentar su idea a los líderes de la organización para que les resultara atractiva. Primero se acercó a las personas de manera individual, les explicó su visión y cómo pensaba que podrían hacer que funcionara. En cada conversación su objetivo era influir, persuadir a cada persona de que su visión creativa le sería útil a la compañía, pero que también era lo correcto, lo que tenían que hacer.

Les pidió a sus colegas que compartieran con él sus opiniones sobre cómo presentar la idea a los líderes y obtuvo retroalimentación valiosa. A continuación, dedicó algún tiempo a conversar con los miembros de la comunidad que más podrían beneficiarse de una mejora de la ingeniería de los pozos en esa zona. Se enteró de que sería posible obtener ganancias económicas porque los granjeros aumentarían sus cosechas, la economía local prosperaría y la empresa energética se posicionaría de manera positiva por ayudar a que todo esto sucediera.

Por último, el ingeniero incorporó toda la retroalimentación y las ideas en una presentación bien diseñada para los líderes de mayor nivel de la empresa. Propuso una manera en que podrían recuperar su inversión y tener un excelente manejo de relaciones públicas, lo cual haría felices a los inversionistas y los agricultores de alcance limitado. Anticipó todas las preguntas que podrían hacerle y preparó respuestas, incluso dibujó algunos planos. Fue paciente, enérgico y reflexivo, pero lo más importante es que escuchó a los interesados de tal forma que convenció a todos de que su idea permitiría que salieran ganando. Al final, la empresa decidió abrir una división justo como la que él había concebido.

El ingeniero mostró un alto nivel de la competencia de la influencia en acción. No compartió su idea en cuanto se le ocurrió porque sabía que en ese momento saldría incompleta, mal documentada y sin respaldo. Se tomó el tiempo necesario para considerar las perspectivas de los interesados y de quienes tomarían las decisiones, con la idea de presentar un proyecto que incluyera los objetivos de cada parte y de lograr, como sucedió más adelante, que todos participaran.

La influencia nos permite comprar suficiente apoyo para hacer realidad nuestros sueños.

¿Qué idea sacarías a la luz con la dosis adecuada de influencia?

9

ENTRENAR Y SER MENTOR

Elementos básicos

Introducción

Daniel Goleman

La competencia de la inteligencia emocional a la que denominamos entrenar y ser mentor consiste en fomentar el aprendizaje o desarrollo a largo plazo de otras personas a través de la retroalimentación y el apoyo. Cuando cuentas con esta competencia, tu interés en ayudar a otros a desarrollar más sus fortalezas es genuino, ofreces retroalimentación oportuna, entiendes los objetivos de la persona y tratas de encontrar desafíos que ofrezcan oportunidades de crecimiento.

Pensemos en un escenario. Cada vez que un director de nivel medio entrenaba a algunas personas de su equipo para adquirir una habilidad esencial, al mismo tiempo menospreciaba a otros por no contar con ella. Por ejemplo, en las reuniones iniciales con un nuevo gerente, se quejó de la persona a la que remplazaba y habló de sus defectos y del desastre que dejó al irse. Quienes estaban siendo entrenados comprendieron que, si hablaba así de otras personas, lo más probable era que dijera cosas similares de ellos. Esto produjo una tensión en la atmósfera y socavó la confianza que todos le tenían al director. Una situación así afecta la eficacia de manera importante.

Lo que le hacía falta a ese director era la competencia de entrenar y ser mentor.

Richard Boyatzis, mi colega de la Escuela Weatherhead de Administración de Case Western Reserve University, llevó a cabo investigaciones extensas[1] sobre la importancia de las competencias de la inteligencia emocional en la capacidad de entrenar y ser mentor.

Richard aboga por el entrenamiento con compasión y una preocupación genuina por el bienestar y el futuro de la persona a quien se entrena.[2]

Piensa, por ejemplo, en la retroalimentación que damos respecto al desempeño. Es una rutina natural de la administración empresarial y ofrece la oportunidad de entrenar a la gente para que sea mejor. En un estudio, Richard Boyatzis[3] escaneó el cerebro de voluntarios que recibieron retroalimentación sobre su desempeño. Cuando la retroalimentación se enfocaba en lo que la persona había hecho mal, se activaban los circuitos cerebrales de la sensación de amenaza y la actitud defensiva, es decir, se ponía en el estado en que la gente se cierra y estrecha lo que percibe, así como la variedad de opciones con que cuenta. Lo peor de todo es que la gente en esta situación sufre una merma cognitiva y piensa con menos claridad.

El entrenamiento que se enfoca en los aspectos negativos de una persona, como un desempeño mediocre o sus debilidades, genera estrés y obstaculiza la capacidad de desempeñarse bien del individuo que está siendo entrenado. En cambio, enfocarse en las fortalezas, los sueños y las aspiraciones de alguien tiene el efecto contrario, ya que lo vigoriza y motiva a aprender mejor. Esto no quiere decir que debamos ignorar los lapsos en el desempeño, sino que, de manera general, en la gama de retroalimentación que va de lo negativo a lo positivo, deberíamos tender a lo positivo.

La calidad de la habilidad de entrenamiento de un ejecutivo incrementa el efecto de todas las demás competencias de gestión de las relaciones y vigoriza la satisfacción profesional de aquellos a quienes entrena. Entrenar fortalece las relaciones, la lealtad y la confianza.

Las investigaciones de Boyatzis muestran que si entrenas a la gente a partir de sus sueños y valores, será capaz de cambiar y ser mejor. En cambio, si entrenas para la conformidad, es decir, para que las personas se conviertan en lo que quieres que sean, en lugar de en lo que necesitan ser para alcanzar sus metas, tendrás un impacto negativo en ellas. Poner a alguien en contacto con sus sueños y valores genera más caminos probables hacia el futuro para esa persona, pero si tratas de hacerla coincidir con lo que tú esperas cerrarás las puertas de la potencialidad.

Aunque ser mentor de alguien puede ser satisfactorio en sí mismo, hay algunos beneficios ocultos, ventajas que podrían no ser evidentes de inmediato. Las investigaciones del Center for Creative Leadership[4] mostraron que a los gerentes y directores que se tomaban tiempo y usaban su energía para ser mentores de la gente que les reportaba de manera directa, sus propios jefes los veían como individuos con un mejor desempeño.

Pregúntale a cualquier ejecutivo exitoso si tuvo un mentor, alguien que le ayudó en los inicios de su carrera, y lo más probable será que te diga que sí y mencione su nombre. A mí me vienen a la mente dos mentores en mi carrera, dos personas que me ayudaron de forma inconmensurable, que me imbuyeron el valor de probar senderos profesionales poco ortodoxos, incluso arriesgados en aquel tiempo, pero que a mí me parecieron adecuados. Y, a la larga, terminé sintiéndome agradecido por el impacto que tuvieron en mi carrera.

Entrenar y ser mentor en acción

RICHARD BOYATZIS

Cada una de las competencias de la inteligencia emocional y social tiene una intención y unos comportamientos que se manifiestan cada vez que son aplicadas. La intención de la competencia de entrenar y ser mentor es ayudar a otra persona a desarrollarse. Esto va más allá de ayudarle a maximizar su desempeño, se trata más bien de invertir en su habilidad de aumentar su potencial. Los comportamientos que exhiben esta competencia consisten en ofrecer retroalimentación precisa con algo de equilibrio y proveer una guía respecto a la manera en que cada persona puede cumplir sus objetivos. Todo esto hace que esta competencia sea esencial a medida que vas ascendiendo por el escalafón de una empresa. Muy a menudo la gente piensa que los líderes en la cima no deberían preocuparse por este tipo de entrenamiento, que es una labor que le corresponde al departamento de recursos humanos. Sin embargo, los líderes más eficientes comprenden que ayudar a la gente que les reporta directamente y a otras personas a desarrollarse puede ser el recurso más importante para la productividad organizacional a futuro.

Un malentendido común respecto al entrenamiento y a ser mentor es que el objetivo se relaciona con las necesidades de la organización en lugar de las del individuo. Debemos ser cuidadosos y enfocarnos en los objetivos de la persona que está siendo entrenada. He visto a líderes que piensan: «Quiero que trabajes mejor en equipo, así que te voy a mostrar cómo se hace». Eso no es una muestra de la competencia de entrenar y ser mentor, sino de la competencia de la influencia, porque estás tratando de hacer que la otra persona haga lo que tú deseas. La competencia de entrenar y ser mentor empieza cuando tenemos en cuenta lo que desea la otra persona o aquello que es capaz de llevar a cabo cuando recibe ayuda de un mentor. ¿Cuál es la visión de la persona? ¿Qué metas tiene? A partir de estas preguntas, el mentor puede dirigir su esfuerzo hacia una dirección específica y ayudar al aprendiz a alcanzar dichos objetivos. Esta competencia se practica, en parte, preguntándole a la gente: «¿Qué quieres desarrollar?». Entrenar y ser mentor tiene mucho más que ver con hacer preguntas que con ofrecerle consejos a la gente. En efecto, habrá momentos en que le aconsejarás algo a la persona que estás entrenando, pero eso sucede en realidad después de haber formulado suficientes preguntas y tener claro que se trata del mejor consejo para ese individuo.

Otra idea equivocada es que ser mentor consiste en abrir puertas o dar acceso a una infraestructura o esquema esencial de *networking*. Esto es parte de ser mentor, pero de forma mínima, y puede ser útil, pero solo cuando la persona te pide acceso a esa infraestructura como parte de una conversación más extensa. Para entrenar de manera eficaz y ser un mentor eficiente, hay que sostener un diálogo de dos vías con alguien para tratar de ayudarlo o ayudarla a llegar a ser la persona que desea ser.

Desarrollar habilidades en la competencia de entrenar y ser mentor

A continuación te daré algunas sugerencias concretas para desarrollar tu habilidad en esta competencia.

Cuando veas que un colega, un amigo o un niño está haciendo algo de una manera ineficaz, piensa cómo puedes ayudarle a tratar de intentarlo de otro modo. Date cuenta de que he dicho: «tratar de intentarlo de otro modo», lo cual es muy distinto a indicarle cómo hacerlo. Pregúntate qué podrías decirle para averiguar por qué decidió hacer las cosas así y si le interesaría probar otro método.

Identifica a otras personas que podrían ayudarte a probar o desarrollar una nueva habilidad y luego haz lo mismo para tus amigos cercanos o miembros de tu familia. ¿Qué quieres aprender y quién puede ayudarte a hacerlo? ¿Qué ayuda le puedes ofrecer a alguien que desearía desarrollar una nueva habilidad?

Practica preguntar a otras personas lo que desean de la vida. Aunque te advierto que podría ser difícil para quienes prefieren no hacer preguntas personales o quienes son renuentes a compartir este tipo de información. Comienza por ti mismo. Hazte esta pregunta y escucha tu respuesta. Luego pregúntale a gente con la que tengas un buen nivel de confianza y apertura. Después trata de hacerlo con alguien a quien parece que sería un poco más difícil acercarse. ¿Hay algo que te ayude a sentirte cómodo al hacer esto y que permita que la otra persona esté más dispuesta a responder de manera abierta?

Preguntarles a otros qué tipo de persona desean ser, aunque sutil, es una variación importante de la sugerencia anterior. Insisto, te recomiendo empezar por ti y luego pasar a amigos o colegas en quienes confíes. Y, una vez más, piensa en lo que te permitiría recibir una respuesta auténtica y honesta a esta pregunta.

Encuentra la oportunidad de convertirte en la sombra de un entrenador, consejero, mentor u otro profesional que esté trabajando con alguien más. Convertirse en la sombra de alguien quiere decir observarlo muy de cerca. Pregúntate si esa persona podría cambiar teniendo en cuenta el enfoque y estilo utilizados. Pregúntale al profesional por qué eligió ese método. ¿Qué parece ser lo efectivo de ese método y estilo? ¿Qué harías tú de manera distinta? Por último, si puedes, da seguimiento algún tiempo después para ver qué ha funcionado, es decir, qué tipo de método ha producido el resultado deseado.

Entrenar y ser mentor: la esencia del liderazgo

George Kohlrieser

Ser un entrenador y un mentor hábil es la esencia del liderazgo de base segura. Una base segura puede ser una persona, un lugar, un objeto, alguien o algo que genera una sensación de seguridad y protección y que nos inspira confianza. Sentirse segura le permite a la persona bloquear el cableado de su cerebro que la hace ponerse a la defensiva y estar dispuesta a correr el riesgo de hacer cosas nuevas y liberar todo su potencial.

Este modelo de liderazgo tiene sus raíces en el trabajo de John Bowlby y su investigación sobre las relaciones entre padres e hijos. Bowlby descubrió que, para que se desarrollen y exploren el mundo, los niños necesitan sentirse seguros. Ahora sabemos que la necesidad de sentirse seguro forma parte del cerebro social y continúa existiendo en la adultez. Para incorporar los hallazgos de Bowlby al entrenamiento debes empezar por generar un sentimiento de seguridad y confianza. Esto elimina la tendencia del cerebro a ponerse a la defensiva y propicia la disposición a ser curioso, a buscar oportunidades, correr riesgos, ser innovador y buscar el cambio.

Un ambiente carente de seguridad mantiene a la persona en modo de supervivencia, obligada a actuar como respuesta al miedo, en busca constante de las posibles amenazas existentes en el entorno. A este estado Daniel Goleman lo denominó «secuestro de la amígdala», y se refiere al momento en que el instinto de supervivencia de nuestro cerebro toma el control. El liderazgo de base segura cierra esta posibilidad y nos libera del miedo y la ansiedad que provoca el modo de supervivencia. Al crear una sensación de seguridad a través de la preocupación por otros, nos sentimos animados a retarnos a nosotros mismos y a otros a explorar, correr riesgos y buscar desafíos.

Esta noción de seguridad es producto de que el líder se transforme en una especie de red de seguridad o ancla que sustente y propicie la confianza. El mensaje que transmiten los líderes es: «Creo que puedes tener éxito, confío en que puedes hacerlo y, si fracasas, estaré ahí para evitar que caigas demasiado». Esto significa que actuarás pensando en lo mejor para esa persona y que, incluso si fallara, estarás ahí para apoyarla. Preocuparse por alguien es distinto a rescatarlo, es hacer lo que necesitas hacer para forjar un lazo de confianza. Ser una base segura tiene que ver con la parte difícil de liderar gente, es decir, con ofrecer retroalimentación dolorosa, marcar límites y responsabilizarse de que haga las cosas. Todo esto tiene que ver con preocuparse lo suficiente para evitar que el cerebro ponga en marcha su defensa y con atreverse a buscar cambios, correr riesgos y explorar.

¿Cómo generar confianza?

En la competencia de entrenar y ser mentor, la labor consiste en usar la confianza para explorar las metas y las motivaciones de los individuos, los obstáculos que los detienen, y ayudarles a identificar los pasos necesarios para lograr esos objetivos y atreverse a correr los riesgos que los llevarán hasta ellas.

La autoconciencia del impacto que tenemos en otros es la clave para generar relaciones de confianza. También se le conoce como el efecto de persona, o sea, la forma peculiar en que cada individuo ejerce un impacto en los otros. Para generar confianza el líder necesita tener comportamientos fundados en valores como la honestidad, la integridad, la justicia, la apertura y el valor. El entrenador o mentor tiene que conocer a la persona con la que está trabajando y saber cuáles son sus fortalezas, sus desafíos y qué la motiva.

Preocuparse por otros es un aspecto muy importante del liderazgo. A menudo pregunto: «¿Cuánto debería preocuparse un líder?». Y la respuesta es: 100%. «¿Cuánto debería atreverse un líder?». De nuevo: 100%. Esta es la paradoja de preocuparse y atreverse. Si sabes que el líder se preocupa por ti y te respalda, no tendrás miedo de fracasar. Al 80% de la gente lo que la mueve es el miedo al fracaso o anticiparse a este. Para que alguien adquiera una habilidad, primero debe sentirse seguro y cómodo cometiendo errores. Como uno no aprende de la noche a la mañana, para poder mejorar es necesario que tanto el líder como el aprendiz sean capaces de aceptar esas dolorosas experiencias.

Si no te retas a ti mismo y a otros, no estás siendo un líder de gran desempeño. Desarrollar un talento implica ir más allá de nuestra zona de confort. Uno debe ser capaz de participar en el proceso de aprendizaje para desarrollar un talento, realizar el esfuerzo recurrente que implica la práctica y luego obtener la recompensa que llega con cada paso que se da en el camino. Entrenar a alguien aumenta la probabilidad de éxito, en tanto que hacer las cosas de manera solitaria aumenta la probabilidad de fracasar.

El proceso del entrenamiento

Entrenar es el proceso que permite ayudar a otros a desarrollarse en lo profesional y lo personal. Ser un líder de alto desempeño exige buscar y detectar el talento potencial de la gente, pero se debe empezar por entenderse a uno mismo y ser curioso. ¿Qué te interesa? ¿Por qué? ¿Alguna vez has pensado en hacer algo al respecto? La curiosidad y el deseo de enfocarte en desarrollar tus propios talentos desencadenan el entrenamiento. Cuando solo te enfocas en cumplir metas y proyectos, pierdes toda la noción del aprendizaje. La competencia de entrenar y ser mentor nos muestra que cuando un jefe le pregunta a uno de sus empleados: «¿Qué es lo que querías aprender? ¿Qué ideas tienes respecto a lo que podríamos hacer? ¿Y qué te gustaría desarrollar de verdad?», se desencadena la curiosidad. Esta curiosidad puede enfocarse en muchas cosas: desde un sistema de Tecnología de la Información (TI) hasta una nueva manera de trabajar en equipo, o quién sabe qué más podría surgir. Pero si no preguntas, nunca lo sabrás.

Desarrollo de la competencia como entrenador y mentor

Ser un entrenador o mentor hábil significa ser capaz de ayudar a alguien a avanzar hacia lo que desea o hacia la llamada o el sueño de su corazón. ¿Cómo puedes desarrollar esta habilidad? En primer lugar, pregúntate: «¿Quién es el mejor maestro que he tenido?». «¿El mejor entrenador deportivo?». «¿El mejor jefe?».

Reflexiona sobre la forma en que esa persona te ayudó a identificar tus objetivos, elegir maneras de practicar, aprender de tus errores y continuar persiguiendo tu meta. ¿Cómo te mostró que le importabas? ¿Cómo te instó a correr riesgos? ¿Qué cosa que tú ni siquiera sabías que tenías hizo aflorar en ti? Este es el modelo que puedes tomar para ser mentor y entrenar de tal modo que en la gente surja lo mejor que tiene de sí misma. El secreto de ser un gran entrenador o mentor radica en hacer las preguntas idóneas, no en dar consejos o decirles a las personas qué hacer.

Entrenar y ser mentor es, en esencia, una relación que se forja a partir de la confianza, una relación alimentada por la energía de la inspiración, enfocada en el aprendizaje a todos los niveles, basada en la preocupación y construida sobre la audacia.

Lo que se necesita para ser un gran entrenador

MATTHEW TAYLOR

En la última década, ayudar a entrenadores a desarrollarse me ha brindado mucha alegría y satisfacción porque he tenido la oportunidad de verlos crecer y tener un impacto en muchos líderes. Algunos han llegado a ser entrenadores ejecutivos, pero la mayoría entrena en el contexto de su papel como directores o incluso como colegas de otros en sus organizaciones. Independientemente del papel que desempeñan, he visto a muchas de estas personas convertirse en entrenadores consumados que han ayudado a sus aprendices a experimentar un crecimiento transformador como profesionales y como personas. Por experiencia sé que hay cuatro competencias que separan a estos entrenadores del resto.

Saber cuándo entrenar y qué enseñar

Los entrenadores consumados saben la diferencia entre enseñar (dar forma, practicar y ofrecer retroalimentación respecto a una habilidad), asesorar (aconsejar y crear en equipo) y entrenar. Fran Johnston, uno de mis mentores de entrenamiento, redactó mi definición favorita de este término: «Nosotros [los entrenadores] podemos considerarnos artistas de las relaciones, personas capaces de trabajar con humildad y colaborar con nuestros clientes en nombre de las aspiraciones que tienen para sí mismos. Si hacemos de estas aspiraciones nuestra intención primordial y trabajamos de manera diligente a lo largo de nuestra carrera para aprender de nuestras experiencias, tendremos la libertad de crear y ser inventivos».[5]

En lugar de imponer sus propios planes, los entrenadores apoyan a otros para que exploren sus emociones, experiencias, valores, suposiciones, motivos y otros aspectos personales de sí mismos al servicio de sus propios objetivos. A veces esto supone un desafío para quienes entrenan desde su puesto como gerentes o directores, pues están acostumbrados a trabajar a partir de retroalimentación de evaluación y a prescribir metas y tácticas. Los directores que entrenan y son capaces de cambiar, de pasar a una mentalidad más colaborativa y basada en el cuestionamiento, y que les tienen mucha confianza a las personas que les reportan de manera directa, pueden superar el desafío que implica su posición. El cambio exige una sólida conciencia de uno mismo y un elevado nivel de autogestión por parte del director que intenta entrenar.

Los entrenadores seguros de sí mismos son capaces de diferenciar entre las oportunidades de entrenar y las de asesorar o enseñar. Esto lo hacen identificando que los desafíos de crecimiento son más adaptativos que técnicos. El crecimiento técnico consiste en adquirir nuevas competencias y conocimientos respecto a algo que ya es parte de nuestras principales fortalezas y que es congruente con el modo en que vemos el mundo. El crecimiento adaptativo, en cambio, va más allá de la adquisición de competencias y conocimiento y exige una mutación en la manera en que nosotros mismos vemos el mundo. Los desafíos adaptativos son sumamente personales, nos instan a modificar nuestros valores, rasgos de carácter, motivos esenciales y suposiciones respecto al papel que desempeñamos.[6] Muy a menudo, los entrenadores descubren que lo que empieza como la construcción de una habilidad técnica poco después se transforma en la construcción de una «mentalidad» adaptativa. Esto sucede cuando las personas a quienes están entrenando llegan a un límite en el desarrollo de su habilidad y no comprenden por qué. Al llegar este momento, los entrenadores excelentes pueden pasar de la enseñanza al entrenamiento, incluso moverse hacia atrás y hacia delante con el paso del tiempo, pero siempre deciden deliberadamente qué postura van a adoptar.

Creación del «contenedor emocional» del entrenamiento

Una de las competencias esenciales del entrenamiento consiste en crear el contenedor de la seguridad emocional. Dado que el entrenamiento permite que las personas exploren y modifiquen aspectos sumamente íntimos de sí mismas, es esencial que haya confianza y una relación sólida. Si no hay confianza, es muy difícil que la gente acepte la vulnerabilidad necesaria para llevar a cabo este tipo de trabajo personal. Cuando dan inicio a su labor, los buenos entrenadores invierten mucho en forjar su relación y establecer las normas con la persona a la que van a entrenar, el o la aprendiz. Si durante el entrenamiento perciben un debilitamiento de la confianza, darán un paso atrás, se alejarán de la labor y se enfocarán en reparar la relación antes de continuar. Si sienten que la confianza se ha roto de forma irreversible, los entrenadores darán fin a la relación en lugar de tratar de forzar las cosas y continuar trabajando. No vale la pena entrenar a alguien que no confía en ti.

Más allá de la superficie

El arte del entrenamiento se manifiesta cuando se establece la confianza y el entrenador guía a la persona para atravesar la superficie, dirigirse al fondo y explorar los aspectos personales profundos que se vinculan con sus aspiraciones de crecimiento. Esta es la experiencia creativa y humana subyacente al entrenamiento. En este ámbito, los entrenadores se usan a sí mismos como instrumentos emocionales para guiar la autoexploración de la persona a quien entrenan. El entrenador podría señalar sus propias reacciones como «información emocional», es decir, una especie de espejo que ayudará a crear la autoconciencia de la persona en entrenamiento. El entrenador apoya al aprendiz para que también deje aflorar sus emociones como información, abre una lente nueva para que se vea a sí mismo o a sí misma y contemple sus experiencias. Para lograr esto, el entrenador usa su inteligencia emocional y se autogestiona para permanecer presente por completo en el momento y sintonizado consigo mismo y con su aprendiz.

Los entrenadores también deben ser hábiles en el almacenamiento de muchos tipos de información para que sus aprendices forjen su autoconciencia y la conciencia social. Más allá de la información emocional que he mencionado antes, los entrenadores deben tener acceso a datos formales e informales del equipo y la organización para informar a los aprendices respecto a cómo los perciben los otros. Estos datos también son necesarios para formar la conciencia social del aprendiz, así como su capacidad de empatizar con otros y ver sus sistemas organizacionales desde perspectivas múltiples entre sus desafíos de liderazgo.

Buena parte del trabajo de entrenamiento se realiza por medio de un cuestionamiento. Uno de los mayores malentendidos de los nuevos entrenadores tiene que ver con el propósito de este cuestionamiento. A veces, a los nuevos entrenadores que han sido maestros o gerentes les cuesta trabajo ceder el control de su plan o de los resultados que esperan. Usan el cuestionamiento para guiar a sus aprendices hacia la respuesta «correcta». Los buenos entrenadores moldean preguntas que sirven como guía para el descubrimiento. Si una serie de preguntas parece no hacer eco en los aprendices, los entrenadores probarán otro camino porque comprenden que la gente solo modificará su mentalidad cuando explore sus planes personales.

Un plan intencional y confiable

Los entrenadores excelentes conciben el espacio y el proceso colaborativo para forjar la conciencia, pero también crean la estructura que los aprendices necesitan para pasar de la reflexión a la acción intencional y, con el tiempo, al crecimiento. Para hacer esto, los entrenadores necesitan un mapa, así como un sistema para registrar el progreso.

Yo les enseño a mis aprendices el modelo de cambio intencional de Boyatzis, que, de hecho, es el plan que uso para mí mismo.[7]

Mi entrenamiento siempre empieza con una aspiración que yo, en mi papel de entrenador, ayudaré a transformar en objetivo. A continuación, ayudo al aprendiz a explorar el «yo real», a construir la autoconciencia respecto a lo que se interpone entre él o ella y su yo aspiracional. A medida que el aprendiz construye esta conciencia sobre lo que está sucediendo «bajo la superficie», lo apoyo para que dé forma a experimentos comportamentales que cuestionan sus conductas y creencias autolimitantes.

Un buen entrenador no solo anima a sus aprendices a entregarse de lleno a estos experimentos, sino que se hace responsable de dar seguimiento. El seguimiento lo da programando los experimentos para la siguiente reunión de entrenamiento. El resultado del experimento se convierte en la información que el entrenador y el aprendiz usan para seguir explorando el yo real y para monitorear el avance hacia la aspiración mayor con el paso del tiempo. De esta manera, el experimento se vuelve la base de mi sistema para registrar los resultados y tomar decisiones oportunas respecto al momento en que un aprendiz está listo para pasar a un nuevo objetivo o necesita cambiar de enfoque en la aspiración actual porque no ha habido progreso.

Los mejores entrenadores equilibran el aprecio por la fluidez del proceso de entrenamiento con una sana urgencia respecto al crecimiento. También saben cuál es la diferencia entre un aprendiz que se enfrenta a un obstáculo muy desafiante y necesita más tiempo de práctica para forjar las competencias y un aprendiz que se estanca porque no está involucrado completamente. En este último caso, los buenos entrenadores pueden mantener una actitud de cuestionamiento al mismo tiempo que aceptan la incomodidad de señalar la falta de involucramiento y/o crecimiento de la que son testigos.

Entrenar y ser mentor para ejercer un cambio comportamental duradero

Michele Nevárez

Aunque no contamos con una gran cantidad de investigaciones sobre lo que hace que algunos métodos de entrenamiento sean más eficaces que otros, se ha realizado un esfuerzo sustancial por estudiar el cambio comportamental a partir de un punto de vista científico o basado en evidencias.[8] En la medida que podamos integrar lo que hemos deducido a partir de este cuerpo de investigación respecto a la manera en que la gente modifica su comportamiento con eficacia, tendremos lo necesario para establecer infraestructuras de entrenamiento que produzcan resultados de mayor impacto. La competencia de entrenar y ser mentor es útil para cualquier líder, sin importar si desempeña un papel formal de entrenamiento o si es mentor. La diferencia clave entre entrenar y ser mentor es la cantidad de tiempo y la profundidad de las interacciones. Ser mentor suele ser algo más informal, menos estructurado y dirigido al desarrollo de competencias y comportamientos funcionales, de posición y/o de nivel específico. Entrenar suele ser un proceso más profundo, con un enfoque específico para ayudar a un individuo a realizar una transformación personal significativa en una amplia serie de comportamientos en su vida profesional o laboral.

Para entrenar y ser mentor se requiere el uso de una serie similar de competencias y experiencia, del mismo modo que también es posible aplicar algunos métodos iguales. Sin embargo, la profundidad y el enfoque en los que el entrenador y el mentor están dispuestos a involucrarse suelen variar. Tanto entrenar como ser mentor son actividades que prosperan cuando se establece una base de preocupación personal entre el entrenador/mentor y la persona con la que trabajan. Cuando estos parámetros están presentes, ambas partes reciben beneficios personales de la relación. En segundo lugar, para inspirar a sus aprendices a articular y encarnar sus valores y propósito, los buenos entrenadores y mentores usan reflexiones de la psicología positiva[9] y la Teoría de Cambio Intencional (ICT, por sus siglas en inglés),[10] la cual consiste en una serie de pasos que impulsan la visión necesaria para un cambio comportamental sostenible. Estas herramientas se utilizan para informar e inspirar el momento de la transformación personal.

Los buenos entrenadores y mentores también tienden a ayudar a los individuos a identificar el impacto real y/o percibido de no estar cambiando. Proveen un proceso para entender lo que estará en juego si el cambio personal ocurre o no. Si no comprendemos la manera en que nuestras acciones actuales producen los resultados reales o deseados, resulta difícil entender la importancia de usar tácticas eficaces para lograr lo que deseamos. Por último, los entrenadores y mentores eficientes no subestiman la compleja y constante naturaleza del cambio personal. Ayudan a los individuos a establecer objetivos realistas y alcanzables y a comprender la naturaleza del esfuerzo necesario para ejercer cambios discernibles conforme pasa el tiempo. Si estos elementos no están presentes, un aprendiz podría no cambiar o no ser capaz de mantener los cambios realizados.

La mayoría de las infraestructuras de entrenamiento usan variaciones de los siguientes elementos: *1)* Determinación del punto de referencia desde donde empieza el aprendiz. Esto significa establecer la percepción que el aprendiz tiene de sus fortalezas y áreas de crecimiento al principio del entrenamiento. Es posible usar las evaluaciones comportamentales y/o los instrumentos de 360 grados para discernir la información relevante que se usa en el proceso de entrenamiento. *2)* Trabajo con el cliente o clienta para articular los resultados que desea (lo cual incluye definir su noción del propósito y el significado) y asistencia para desarrollar un plan de acción con objetivos mensurables.

Aunque este modelo provee una infraestructura muy sólida para construir el proceso de entrenamiento, hay algunos elementos clave que también deben formar parte de la ecuación, elementos que suelen ser soslayados, a pesar de que son esenciales para el proceso:

1. El desarrollo de competencias esenciales como la autoconciencia y la conciencia social o de otros, el enfoque y la autogestión durante el proceso de entrenamiento. Esto permite al aprendiz obtener experiencia en la aplicación de competencias fundamentales que continuarán respaldándolo cuando haya concluido el proceso de entrenamiento.
2. El uso de técnicas y métodos para reflexionar sobre uno mismo durante y después del periodo de entrenamiento. Estas técnicas pueden incluir la escritura de un diario y la meditación, entre otros ejercicios de renovación que sirven para reducir el estrés y cuya importancia ha sido demostrada por Richard Boyatzis y Annie McKee en sus investigaciones.[11]
3. El análisis del pensamiento y la mentalidad para revelar creencias que a menudo ocultan la verdadera y poderosa razón por la que el esfuerzo para cambiar fracasa. En resumen, si no prestamos atención a los pilares de nuestra propia experiencia y a las creencias que a menudo son confusas y podrían obstaculizar incluso las mejores intenciones, nos arriesgamos a que los cambios deseados no echen raíz. Dicho de otra forma, podemos plantar las semillas correctas, pero si la tierra (nuestros pensamientos y visión) es tóxica o si no se le atiende de manera consistente, nuestro esfuerzo podría impedir que las semillas que sembramos maduren, florezcan y se desarrollen.

Conclusión

Daniel Goleman

Tuve una conversación con el vicepresidente ejecutivo de una empresa de construcción que, además de ser la más importante de Escandinavia, opera en todo el mundo. Aunque ahora es vicepresidente, me dijo que su éxito se lo debe al jefe que tuvo cuando obtuvo su primer empleo en la empresa. Su primera misión fue en otro país, en un lugar en el que nunca había estado. Como tenía muchísimas dudas, llamaba por teléfono a las oficinas centrales para hacerle preguntas a su jefe, pero este, en lugar de contestarlas, le hacía a su vez preguntas que al final lo conducían a proponer su propia respuesta. Esta estrategia le ayudó a tener más confianza en su habilidad para encontrar las soluciones por sí mismo. Décadas después, seguía diciendo: «Ese jefe me ayudó a crecer».

Hay muchas maneras en las que un entrenador o mentor puede ayudar a alguien a crecer. La clave radica en tener en mente todo el tiempo que el aprendiz nos interesa y preguntarnos qué podríamos añadir a la serie de competencias que ya posee. En este sentido, tal vez te serviría recordar a la gente que te ha entrenado, a los mentores que has tenido a lo largo de tu carrera, y pensar cómo podrías adoptar su enfoque como modelo o tomar prestadas técnicas que te sirvan para entrenar a otros.

10

GESTIÓN DE CONFLICTOS

Elementos básicos

Introducción

Daniel Goleman

La competencia de gestión de conflictos implica tener la habilidad de ayudar a otros a superar situaciones emocionales o tensas, hacer aflorar con tacto desacuerdos subyacentes y definir soluciones que todos puedan respaldar. Los líderes que se toman el tiempo necesario para entender perspectivas distintas trabajan con el objetivo de encontrar un punto de interés común en el que todos puedan estar de acuerdo. Estos líderes reconocen las perspectivas de todas las partes y, a la vez, redirigen la energía hacia el ideal compartido o hacia una resolución conveniente para todos.

Cuando trato de pensar en una situación en la que la competencia de la gestión de conflictos no se haya aplicado, me viene a la mente la historia de dos empresas de telecomunicaciones en una ciudad europea. Entre estas empresas existía una alianza para construir un nuevo producto en conjunto, por lo que cada una asignó un equipo al proyecto. Aunque estaban en la misma ciudad, los equipos nunca se encontraron en persona y solo se enviaban correos electrónicos. Como el tráfico de comunicación degeneró, terminaron teniendo acaloradas guerras y enviándose mensajes iracundos y acusatorios, y, para colmo, el producto no estaba siendo diseñado. Era obvio que necesitaban que alguien gestionara con habilidad el conflicto.

Las investigaciones resaltan el valor de una gestión de conflictos eficaz. Los investigadores han descubierto que los equipos que usan un enfoque de cooperación para abordar la situación tienen mejores resultados de negocios.[1] Southwest Airlines asciende a los gerentes que muestran habilidad para hacer surgir los conflictos ocultos y resolverlos.

Investigadores de Harvard descubrieron tres síntomas comunes de los mal llamados «conflictos candentes» (*hot conflicts*).[2] Los integrantes del equipo insisten en discutir sobre los mismos puntos. Hacen acusaciones personales y, cuando la emoción aumenta, el avance en el proyecto se detiene. Asimismo, otras investigaciones muestran que los equipos de alto desempeño hacen salir a la superficie los desacuerdos que se están acumulando y lidian con ellos en lugar de reprimirlos o ignorarlos.[3]

La situación que enfrentaron los equipos de las dos empresas europeas de telecomunicación es muy común. Los conflictos se producen todo el tiempo en los entornos laborales, en el interior de los equipos y entre distintos departamentos de la misma organización. El conflicto puede empezar como una simple diferencia de opinión o perspectiva, pero si no se aborda con habilidad, puede crecer y transformarse en un problema que obstaculizará el trabajo, como el que tuvieron estas dos empresas europeas. Los líderes hábiles deben ser capaces de navegar las aguas del conflicto, reconocer el problema, lidiar con sus emociones personales al respecto y ayudar a otros a superar la situación.

Cuando un líder se involucra para gestionar un conflicto, entran en juego otras dos competencias de la inteligencia emocional. El autocontrol emocional ayuda al líder a contener sus propias reacciones para poder enfocarse en las personas involucradas, en tanto que la empatía permite transformar las perspectivas y sentimientos de las personas a ambos lados del conflicto para trabajar en pos de una solución que los dos grupos puedan aceptar.

Los líderes de base segura mantienen las diferencias sin quebrar los vínculos

GEORGE KOHLRIESER

Los líderes de base segura proveen seguridad y desafío. Uno de sus rasgos fundamentales es que saben gestionar el conflicto. Esto significa que son capaces de «poner el pescado en la mesa» de forma abierta y discutir con honestidad asuntos complejos, es decir, entablar un diálogo para encontrar una resolución mutua. Los seres humanos tenemos la tendencia a evitar el conflicto porque nuestro cerebro está cableado para evitar el peligro potencial. Sin embargo, podemos aprender a actuar de forma contradictoria y ver el conflicto como algo positivo. Si caminamos hacia él en lugar de retroceder y permanecer en la pasividad, podemos verlo como un desafío, un problema por resolver y, finalmente, una oportunidad.

Al conflicto se le puede definir como la diferencia entre dos o más personas o grupos en los que hay tensión, emociones fuertes y desacuerdos, así como el momento en que un vínculo deja de estar presente o se rompe. Cuando hablo de vínculo me refiero a una conexión emocional, incluso con alguien que no te agrada. Es una relación cuyo objetivo es entender las necesidades de la otra persona y mantener la relación a pesar de la diferencia. De hecho, es posible que la diferencia sea grande y el vínculo se mantenga, pero también que la diferencia sea mínima y, aun así, el lazo se rompa y genere un conflicto importante.

Muchos líderes en situaciones de conflicto se vuelven presa de sus propios miedos y sus otras emociones negativas y no ven todas las oportunidades de resolución. Los líderes exitosos pueden comunicar un modelo que reconozca el conflicto como algo positivo.

Pueden, por ejemplo, «poner el pescado en la mesa», lo cual significa hacer surgir en la superficie una problemática complicada sin ser agresivo u hostil. La analogía viene de Sicilia, donde vi a los pescadores, hombres con un vínculo muy sólido, colocar el sangriento producto de la pesca sobre una mesa para limpiarlo juntos. Los pescadores realizan esta desagradable labor y su recompensa es una excelente cena con pescado al terminar el día. Si uno deja el pescado debajo de la mesa, se echa a perder y apesta, pero si hacemos aflorar el problema subyacente, podemos limpiar, aunque sea una labor poco agradable, y llegar a un resultado que nos beneficie de forma mutua.

¿Cómo resolver los conflictos? En primer lugar, crea un lazo con la otra parte. Recuerda que no es necesario que una persona te agrade para crear un vínculo con ella, lo único que requieres es un objetivo común. Los líderes deben aprender a separar a la persona del problema y a construir la relación en el respeto mutuo y en un deseo genuino de ayudar y evitar las respuestas negativas a los ataques o las emociones intensas.

Usar la ley de la reciprocidad y tener una actitud adecuada de concesión es lo que permite que se forje la confianza. ¿Qué hacer? Ayuda a la otra persona a guardar las apariencias y usa el diálogo para llegar a la comprensión, descubrir información nueva y mantener el vínculo para explorar soluciones creativas. Al final, todos pertenecemos, todos estamos comprometidos con el objetivo, y las diferencias desaparecen. Esto se convierte en una pista fundamental sobre cómo podemos tener un verdadero desempeño. Si estás en un barco quejándote sobre adónde se dirige, las cosas no funcionarán. Alguien tiene que resolver la situación e involucrarse.

La gestión de conflictos eficaz empieza por el líder. De hecho, cuando se maneja con destreza, esta habilidad puede ayudar a la gente a ser más innovadora y forjar vínculos más sólidos, formar equipos eficaces y mejorar el desempeño. La clave radica en enfrentar de manera abierta un problema y negociar un resultado en el que todos ganen. Identificar los conflictos te permite resolverlos pronto, antes de que se intensifiquen. No vas a provocar conflictos, sino a permitir que la gente hable de sus diferencias; crear una atmósfera en la que puedes alentar a la gente a expresarse es esencial. Todo empieza al nivel de la junta directiva, de los directores ejecutivos, y con este mensaje: «Quiero saber en qué están en desacuerdo conmigo, no solo en qué están de acuerdo».

¿Cómo se relaciona esto con el desempeño? Cuando la gente tiene miedo, evita correr riesgos, y si no corre riesgos, no aprenderá, desarrollará, innovará y aumentará sus competencias. Los líderes deben, en primer lugar, aceptar el fracaso y el conflicto como experiencias susceptibles de promover el crecimiento. Un ambiente que promueve de manera positiva la diferencia y un líder que combina la preocupación con el liderazgo audaz generan, en conjunto, un clima que fomenta el alto desempeño.

Los conflictos son el alma de las organizaciones de alto desempeño. Las disputas, los desacuerdos y los puntos de vista diversos generan energía, provocan el cambio, estimulan la creatividad y ayudan a construir equipos con vínculos sólidos. La clave es nuestra mente: si aceptamos el conflicto, nos extenderemos, junto con los otros, a los niveles más elevados de potencial.

La intención y el comportamiento en la competencia de la gestión de conflictos

Richard Boyatzis

Para muchos, la gestión de conflictos es, quizá, la competencia más difícil del manejo de relaciones. La intención subyacente aquí no es tratar de ganar, sino reunir a las partes que se encuentran en conflicto, incluso si tú perteneces a una de ellas, y llegar a una visión común, a una resolución sana del problema. Insisto, la intención no consiste en llegar a un arreglo o en imponer tu punto de vista, sino en alcanzar lo que a veces puede ser considerado como un objetivo abarcador. Por ejemplo, si un conflicto surge debido a que dos personas tienen perspectivas distintas respecto a cómo resolver un problema, mantenerse enfocado en la mejor manera de solucionarlo ayudará a conservar la objetividad y a mantener fuera de la ecuación cosas como los ataques personales.

Algunos de los comportamientos que manifiestan la competencia de la gestión de conflictos son: hacer aflorar los sentimientos y pensamientos de las personas y hablar sobre la necesidad de resolver el conflicto para obtener un beneficio de un orden mayor. Entre las decenas de miles de personas que evaluamos cada año, esta es, quizá, la competencia que vemos con menos frecuencia en otros porque la mayoría de la gente preferiría evitar los conflictos en lugar de lidiar directamente con ellos. Pero, entonces, ¿cómo manejarlos? Por supuesto, depende del ambiente y de la gente, aunque una forma sería programar una reunión para hablar de las mejores maneras de avanzar con el apoyo de todos, dar a los involucrados la oportunidad de hablar y expresar sus puntos de vista. Contar con una persona neutral para que modere la discusión podría ayudar a establecer un tono equilibrado y tranquilo durante el intercambio de ideas. Otra opción consiste simplemente en acercarse a la persona con la que crees que estás en conflicto y decirle: «Creo que hay un mejor modo de avanzar juntos en este proyecto». Asimismo, ofrece una sugerencia a la que creas que la otra persona responderá de manera positiva y, en conjunto, encontrad el modo de comunicaros mejor respecto a las cosas en que no estáis de acuerdo.

Ser hábil en la gestión de conflictos es algo susceptible de aprenderse y, si eres bueno en ello, verás que es una habilidad muy apreciada. En su libro *Vital Lies, Simple Truths*, Daniel Goleman señaló que, cuando la gente se traga los conflictos, estos reaparecen a través de los mecanismos de defensa del ego y se manifiestan como un comportamiento disfuncional.[4]

La gestión de conflictos en la práctica consiste en buscar el objetivo abarcador y lograr que las partes se abran respecto a cómo pueden trabajar en conjunto en pos de dicho propósito en común. En la profesión legal, durante años a esto le han llamado resolución alternativa de disputas. Sin embargo, ir a cursos de negociación no siempre es la mejor manera de aprender sobre la gestión de conflictos, ya que en muchos cursos solo te enseñarán técnicas para tener una ligera ventaja sobre la otra persona o para ponerla de tu lado. Eso es lo opuesto a lo que la gestión de conflictos representa como competencia. Lo que se necesita es un curso que te enseñe a unir a la gente.

Roger Ury habla de esto en su libro *Getting to Yes*.[5] Es más fácil empezar con un curso práctico basado en las competencias, en el cual puedas participar en actividades de juego de roles y otras similares.

¿Cómo desarrollar la habilidad de gestión de conflictos?

MATTHEW LIPPINCOTT

Hay una relación entre la autoconciencia, el manejo de relaciones y la destreza en la competencia de la inteligencia emocional (IE) llamada gestión de conflictos. Este es uno de los hallazgos de la investigación doctoral sobre eficacia del liderazgo y la atención consciente que desarrollé en la Universidad de Pensilvania en 2016.[6] En este estudio, los líderes realizaron entrevistas a profundidad en las que exploraron la manera en que la atención consciente o *mindfulness* contribuía a lograr resultados específicos y una mejora general de la eficacia. Analicé las transcripciones utilizando el Inventario de Competencias Emocionales y Sociales (ESCI, por sus siglas en inglés) para identificar competencias de la inteligencia emocional y social. En la investigación incluí a 42 líderes y recolecté datos de 83 organizaciones internacionales.

Mejorar la habilidad en la competencia de la gestión de conflictos implica el uso de varias competencias. La autoconciencia funciona como la base para este desarrollo porque nos permite reconocer nuestro comportamiento y la manera en que somos responsables de él. Los líderes reportaron que la mejoría en su autoconciencia les ayudó a entender de qué forma debían cambiar para eliminar el conflicto de su experiencia cotidiana. Esta comprensión, que no comienza necesariamente con un enfoque en el conflicto, podría empezar al cobrar conciencia de un estrés crónico, infelicidad y/o preocupación respecto a no alcanzar logros que implican el apoyo de otros.

Los líderes que entrevisté proveyeron ejemplos de la forma en que la autoconciencia les ayudó a comprender el papel que desempeñaban al navegar y/o evitar el conflicto interpersonal. También dijeron que se volvieron más conscientes de aspectos de la conciencia organizacional que influían en su aceptación del conflicto y sus creencias respecto al mismo. En cuanto a la mejoría, los participantes dijeron que se volvieron más eficaces para detectar y controlar respuestas de conflicto, primero en ellos mismos y luego en otros. Muchos líderes también reportaron que estas mejorías condujeron al éxito en la obtención de información relevante, aporte creativo y apoyo de otros.

Ser mejor en la gestión del conflictos también se relacionó con una mejor función cognitiva y una mejoría en la habilidad de lidiar con empleados difíciles. Estos beneficios fueron atribuidos a la reducción en el estrés y la ansiedad, que, a su vez, contribuyeron a una manera más pacífica y eficiente de abordar la actividad en el lugar de trabajo. Muchos líderes dieron ejemplos para ilustrar el valor de controlar de forma proactiva las interacciones con potencial de conflicto.

En estos casos, los líderes describieron la importancia de sentirse cómodos al mencionar desacuerdos o posibles puntos de contención antes de que surja el conflicto. Desde el punto de vista del avance profesional, los líderes vincularon esto a proyectos más exitosos porque, según ellos, una vez que las posibles dificultades eran ventiladas, podían empezar con un momento positivo. Esto también generó una mayor participación y seguimiento, ya que redujo la incidencia de las distracciones que suele causar el conflicto.

La gestión de conflictos y su contribución a la eficacia del liderazgo

Bridget —el nombre ha sido modificado para esta historia—, líder senior de una agencia contable corporativa con alcance multinacional, ha experimentado una variedad de beneficios a partir de que mejoró su habilidad para gestionar los conflictos. A medida que han pasado los años, se ha dado cuenta de que minimizar y/o evitar el conflicto abre muchas puertas que, de otro modo, se ven ensombrecidas por el estrés y la tendencia de la gente a reaccionar sin reflexionar. Aprender a escuchar a otros y responder en lugar de reaccionar ha permitido a Bridget tener una carrera más exitosa y satisfactoria. Lo atribuye a la disposición de sus superiores, colegas y subordinados a participar con ella en relaciones colaborativas y plenas de confianza.

Sin embargo, las cosas no siempre fueron así. Bridget describe de la siguiente manera a la persona menos eficaz que solía ser en su juventud: «Cuando había muchas diferencias de opinión respecto a cierta forma de trabajar, lo más probable era que yo solo diese por sentado que ellos se equivocaban y yo estaba en lo cierto».

Bridget también dice que desarrolló una mayor disposición a escuchar a otros y capacidad para tolerar sus opiniones, a diferencia de como lo hacía antes: «Al entrar en una situación estaba mucho más a la defensiva y me lanzaba directo a la yugular de la gente».

Estos cambios fueron producto de la mejora de su autoconciencia, proceso que permitió a la líder prestar atención a su nivel de estrés y a sus patrones de pensamiento negativo. En cuanto cobró conciencia de estas experiencias contraproducentes, quiso entender qué las causaba. Bridget se esforzó en observar y detectar las situaciones que le generaban estrés y comprendió que sus juicios, sesgos y creencias respecto a las intenciones de los demás eran lo que producía muchos de estos detonadores.

Armada de este conocimiento, se propuso eliminar dichos factores de su vida y esto condujo al desarrollo de empatía y autocontrol emocional. Como parte del proceso, reconoció que las opiniones de los otros tenían más valor de lo que antes solía admitir. También se dio cuenta de que mostrar un interés sincero en esas opiniones y sentimientos podía transformar relaciones hostiles en relaciones positivas y de colaboración. Este enfoque no solo era aplicable a la calidad de las relaciones, sino también a la manera de obtener información de los demás y de dirigir a su equipo.

Gracias al importante esfuerzo que hizo por desarrollarse en el aspecto personal, Bridget descubrió que al formular preguntas de una manera más diplomática recibía respuestas mucho más útiles. Además, ahora aborda las dificultades de una forma más orientada al beneficio mutuo, lo cual ha generado mejores soluciones y una participación más entusiasta. En lo que se refiere al liderazgo del equipo, Bridget ahora les da a sus subordinados una noción más fuerte del poder que poseen y se enfoca en entrenarlos con orientación hacia el logro personal.

La retroalimentación de su equipo ha sido cada vez más positiva, los integrantes reconocen que Bridget es ahora mucho menos impositiva y los apoya más. La cantidad de innovación y el aumento en el nivel de desempeño del equipo también son indicadores de una situación favorable. El director de Bridget ha comentado que nota un mejoramiento en la manera en que interactúa con otras personas e incluso uno de sus compañeros de trabajo señaló que ya no se enoja tanto como antes. Aunque muchas de estas mejorías también se relacionan con las competencias del trabajo en equipo y la capacidad de inspirar, estas no habrían surgido si ella no se hubiera enfocado en su contribución a una gestión más eficaz de los conflictos.

Ver el conflicto como una oportunidad, no como una carga

AMY GALLO

En el trabajo, la pregunta no es si surgirá un conflicto, sino cuándo. Los desacuerdos respecto a los planes de marketing, las disputas en torno a las prioridades presupuestarias y los altercados territoriales respecto a quién se lleva el crédito por los éxitos de ventas son solo algunos ejemplos de las diferencias que se presentan con regularidad. En realidad, no podemos elegir no tener conflictos en el trabajo, pero podemos decidir cómo experimentarlos: acobardarnos y no enfrentarlos, o aprovecharlos al máximo.

¿De qué manera ves el conflicto?

Algunas personas buscan el conflicto, mientras que otras hacen todo lo posible por evitarlo. La mayoría, en especial quienes tienden a evitarlo, lo ve como algo negativo. Sin embargo, cuando se maneja de la manera adecuada, un conflicto puede tener muchos beneficios. Considerar que los desacuerdos son oportunidades que te ayudarán a ser excelente en tu trabajo es mucho más inteligente que verlos como molestos inconvenientes que te impiden avanzar. Estos son algunos de los beneficios de enfrentar los conflictos:

- Mejores resultados laborales. En una discusión con un colega respecto a la mejor manera de lidiar con una decisión o proyecto, ambas partes deberán explicar por qué su enfoque es mejor y considerar las ventajas y desventajas de las alternativas.

A menudo, las nuevas soluciones creativas surgen de este tipo de conversaciones.

- Una oportunidad de aprender y crecer. Si utilizas un buen nivel de autoconciencia durante un desacuerdo con alguien, puedes aprender mucho sobre ti mismo, lo que te importa, cómo prefieres trabajar o qué desencadena tus reacciones negativas. Si integras estas lecciones a la manera en que respondes a las situaciones en el trabajo, puedes crecer y convertirte en un o una líder más eficaz.
- Mejores relaciones. Los conflictos fortalecen los músculos de las relaciones. Esforzarse y tomarse el tiempo necesario para lidiar eficazmente con ellos nos permite aprender cosas sobre los involucrados, saber qué les importa y cómo prefieren trabajar. Resolver conflictos de manera exitosa nos ayuda a sentirnos más cercanos a todos los involucrados. Asimismo, las personas que han tenido la experiencia de superar conflictos juntas estarán mejor preparadas para enfrentar los que se presenten en el futuro.
- Satisfacción laboral. Cuando tienes miedo de los desacuerdos o sientes que tienes que andar de puntillas, es muy difícil disfrutar tu trabajo. La gente que se vuelve hábil para enfrentar los conflictos es más feliz cuando va a trabajar y se puede enfocar en llevar a cabo sus tareas.

Reconocer los puntos positivos del conflicto es un paso importante para cambiar lo que sientes respecto a este. El siguiente paso es manejar los desacuerdos.

Prepárate para el conflicto

Como sabemos que los conflictos surgirán en el trabajo, lo más sabio es prepararse para enfrentarlos. He identificado varios pasos que te ayudarán a participar en una situación tensa y entrar preparado para aprovecharla al máximo.

1. Ajusta tu estructura mental. Si te integras a una conversación difícil pensando que va a ser difícil, lo más probable es que te sientas nervioso o estresado. La estructura mental es importante. En lugar de pensar: «Ha llegado la hora de darle a Bob retroalimentación negativa», cambia la estructura y piensa: «Voy a darle a Bob algo de información que le ayudará a mejorar en su trabajo». Trata de recordar lo que esperas aprender y obtener de la conversación.
2. Ten en cuenta el punto de vista de tu contraparte. Haz a un lado tu perspectiva por un instante y ten en cuenta lo que piensa y siente la otra persona. ¿Qué es lo que hace que Julie argumente en favor de su particular enfoque de la situación? ¿Qué sabes respecto a la manera en que Julie maneja los conflictos? ¿Tiende a evitarlos o prefiere enfrentarlos?
3. Observa lo que está sucediendo en la organización. Los conflictos no surgen en el vacío. ¿De qué manera encaja esta situación específica en el contexto general de la organización? ¿Forma parte de una disputa de mayor dimensión en la empresa? Entender las fuerzas organizacionales que afectan un desacuerdo específico puede proveer información importante sobre cómo resolverlo.
4. Desarrolla tu mensaje a partir de distintos escenarios. No esperes hasta estar en una sala de reuniones para decidir lo que dirás o cómo lo dirás. ¿Cuál es tu objetivo? ¿Qué esperas que se lleve consigo tu contraparte cuando salga de la sala? Elige con cautela la manera en que enmarcarás la situación y tu postura. Reconoce que hay una diferencia entre la intención (lo que dices) y el impacto (lo que la otra persona escucha). Prepárate para recibir distintas respuestas de tu contraparte. ¿Qué pasará si te responde con ira? ¿Qué tal si rompe en llanto? Piensa en pedirle a un colega en quien confíes que participe contigo en un juego de rol y desarrollad algunos escenarios posibles. Así podrás practicar la forma en que responderás.
5. Elige el momento y el lugar correctos. Entre toda la prisa y el estrés en nuestras organizaciones, rara vez nos damos

tiempo para estas conversaciones. Tratamos de resolver los desacuerdos con correos electrónicos cortantes o negociamos las diferencias sobre la marcha. Lo mejor es preparar estas conversaciones para que sean exitosas. Ten en cuenta las fechas límite externas con que se tiene que cumplir. Si debes entregar el presupuesto del equipo a final de mes, necesitas tener una solución antes de esa fecha. Sin embargo, si las emociones son demasiado fuertes, tomar algo de tiempo para que todos se calmen podría ayudarte a pensar con más claridad. Saber si eres una persona que busca o evita el conflicto también es beneficioso. Si eres de los que lo buscan, no te apresures a participar en una conversación, incluso si eso es lo que deseas hacer. Quienes evitan el conflicto deberán tener cuidado de no postergar las discusiones. De ser posible, elige un lugar neutral donde todos se sientan cómodos y nadie tenga una ventaja preestablecida. Una conversación con probabilidad de tornarse polémica la puedes programar, por ejemplo, en una sala de conferencias neutral en lugar de en tu oficina. Si la disputa se inicia en un correo electrónico, trata de continuar la conversación en persona o por teléfono, ya que tendemos a percibir los textos en los mensajes o correos como negativos y no alcanzamos a descifrar los matices del tono.

6. Expresa tus sentimientos con anticipación. Lo más probable es que el conflicto te haya provocado ciertas emociones, tal vez enojo, frustración y/o decepción. Pero no es buena idea que los reprimas y te arriesgues a que broten durante la discusión o, peor aún, a estallar y atacar a tu contraparte. Antes de participar en la conversación, deshazte de esas emociones. Busca a un colega de confianza con quien puedas desahogarte. Lo mejor es descargar las emociones de una manera segura y estar lo más calmado posible al iniciar la discusión.

Por supuesto, a veces los conflictos estallan sin previo aviso y, en una situación así, a ser posible, deja la conversación para más adelante. Esto te dará tiempo para prepararte. Quizá no puedas hacerlo, pero si para ese momento ya has practicado los pasos que te acabo de dar y has entrenado para otros conflictos, podrás mantenerte en calma.

Muy a menudo la gente piensa que el conflicto es una carga, algo que tiene que superar para poder llevar a cabo su trabajo. No obstante, el conflicto «es» el trabajo. Conciliar distintas perspectivas y maneras de abordar una situación sirve para mejorar los proyectos e iniciativas y fortalece las relaciones laborales. Asimismo, manejar correctamente el conflicto es una habilidad esencial del liderazgo, es lo que separa a los líderes de todos los demás. Lo importante de los conflictos, que en sí mismos rara vez son el verdadero problema, es la forma en que lidias con ellos.

Adaptado de la Guía para lidiar con el conflicto de HBR *(*HBR Guide to Dealing with Conflict*, Harvard Business Press, 2017).*

Gestión de conflictos: fusión de la atención consciente y el análisis

GEORGE PITAGORSKY

La atención consciente o *mindfulness* consiste en prestar atención de forma deliberada al momento presente, vivirlo objetivamente y con claridad mental. La atención consciente activa la conciencia de tu estado interior, tus creencias, sesgos, preferencias, estados de ánimo y emociones. Es esencial para la autorregulación y posibilita tener relaciones eficaces. En el contexto de la gestión de conflictos, la atención consciente de tu estado interior y de la manera en que los otros se comportan, de los contenidos, el entorno, etc., es esencial para satisfacer tus necesidades.

Casi todas las personas experimentan momentos de atención consciente y momentos de «desatención» o distracción; es como dirigirse a un lugar, llegar ahí y luego no recordar el recorrido. La atención consciente es un terreno fértil para abordar el conflicto, en tanto que la desatención sirve para cultivar reacciones torpes.

En la base de la atención consciente, el análisis es un método que sirve para mejorar la objetividad y reflexionar sobre la naturaleza del conflicto, las partes involucradas, el proceso para abordarlo y su entorno. Analizar implica examinar algo por medio de su fragmentación en partes para comprenderlo mejor; puede ser un conflicto, un problema, una situación, un proceso, etcétera.

El análisis no remplaza la intuición ni las corazonadas, las complementa porque provee revisión y equilibrio. El análisis establece las bases para una conversación sana que, de ser posible, conducirá a una resolución en la que todos salgan ganando.

Todo resultado es producto de un proceso, de una serie de pasos. En mi libro *Managing Conflict in Projects: Applying Mindfulness and Analysis for Optimal Results*[7] describo un proceso: retrocede, enfócate en la manera en que procederás, analiza, trata de entender, facilita y aborda el problema, y, por último, cierra.

Retrocede

Antes de lanzarte, retrocede y evalúa tu propio estado mental. ¿Cuál es tu postura frente al conflicto? ¿Qué involucrado estás en el aspecto emocional? ¿Qué tan objetivo puedes ser? ¿Qué tan casado estás con tu solución? Pregúntate: «¿Cuáles son mis intenciones? ¿Me interesa la otra persona y continuar teniendo una relación con ella cuando el conflicto se haya resuelto?». Empezar por evaluarte a ti mismo te ayudará a tener claridad y podría enriquecer tu enfoque o comportamiento cuando empiece la interacción con las otras personas.

Enfócate en el proceso

Da por hecho que el proceso y el análisis pueden hacer que las partes implicadas enfrenten juntas el conflicto en lugar de enfrentarse entre sí.

Piensa en la manera en que abordarás el problema. ¿Qué tan formal serás? ¿Dónde y en qué medios? ¿Os sentaréis en lados opuestos de la mesa o en el mismo? ¿Seguirás un plan prefabricado? ¿Mediarás o arbitrarás? ¿Documentarás?

Los conflictos terminan cuando se toman las decisiones. ¿Cómo decidirás? Puedes, por ejemplo, usar el enfoque «pesaje y calificación». En este caso, ambas partes estarán de acuerdo en renunciar a que solo sus propuestas para resolver el conflicto sean tomadas en cuenta y trabajarán en conjunto para entender los criterios de decisiones y su importancia o peso relativo. El objetivo compartido será encontrar una solución óptima que satisfaga necesidades. Calificarán cada opción y aplicarán un pesaje para ver qué opción gana.

No tienes que confiar 100% en las cifras, pero piensa que estas ofrecen una manera de abordar el conflicto de forma objetiva e ir más allá de la noción de propiedad que suele obstaculizar e impedir que las partes encuentren una solución óptima.

Como al usar este método suelen surgir dudas respecto a los criterios y el pesaje, por eso siempre es sano abordar este conflicto y los otros relacionados con el proceso antes de enfrentarse al tema principal. Para cuando las partes hayan resuelto estas dificultades y analizado el conflicto en sí mismo, podrían descubrir que les es más fácil resolverlo.

Analiza

Analizar el conflicto sirve para identificar sus atributos. Cuanto más sepas de él, mejor. ¿Cuáles son los hechos? ¿Por qué existe el conflicto? ¿Dónde encaja en el panorama general? ¿Quiénes son las partes involucradas? ¿Qué papel juega cada una? ¿Cuáles son sus responsabilidades, necesidades, objetivos y deseos? ¿Hay más o menos certidumbre sobre la manera en que se implementará la solución? ¿Qué tan sencillo será revertir la decisión una vez que sea tomada? ¿Cuáles son las limitaciones en cuanto al tiempo, la complejidad y la importancia del conflicto?

Los conflictos pueden centrarse en el contenido o en la relación, y, aunque todos tienen un contenido específico, hay algunos que involucran asuntos emocionales entre las partes y eclipsan el contenido. Saber a qué tipo de conflicto te enfrentas te permite tener expectativas realistas.

Cuanto más sepas, más posibilidades tendrás de encontrar el proceso correcto para lidiar con el conflicto.

Trata de entender

Al continuar el análisis, gira tu atención hacia la gente y su estilo, cultura, necesidades, posturas y objetivos.

¿Cuáles son los puntos fríos y los detonantes de cada persona? ¿Sus intereses? ¿Estilo de conflicto y comunicación? ¿Sus niveles de conocimiento y entendimiento?

La confianza y el respeto son de suma importancia al lidiar con el conflicto. Cuando tienes la certeza absoluta de que una persona será egoísta y no tendrá en cuenta ni la ética ni la verdad, puedes apostar a que eso sucederá y, por lo tanto, puedes manejarte con «confianza». En otras ocasiones, podrás confiar en que las personas serán íntegras, honestas y abiertas. Sin importar con quién lidies, usa la atención consciente para examinarte a ti mismo y descubrir por qué las personas te hacen sentir de tal o cual manera. Ser ingenuo y pensar que toda la gente es digna de confianza o, al contrario, ser pesimista y dar por hecho que nadie lo es, son dos posturas igual de inútiles y desprovistas de habilidad.

Junto con la confianza viene el respeto. A menos que respetes la inteligencia y los valores de la otra parte, llegar a una conclusión aceptable para ambos será muy difícil.

Si tienes tiempo, investiga, busca y encuentra a personas que conozcan a las partes en conflicto para averiguar qué les importa. Usa tu inteligencia emocional y social durante el proceso y nútrela a través de la atención consciente. Permite que el conocimiento guíe tu comportamiento con otras personas y cultiva la confianza a través del respeto. Por ejemplo, si trabajas con una persona de una cultura distinta y esa cultura la insta a ser franca y beligerante en lugar de sutil y prudente, respeta esta tendencia. Respeta su estilo y adáptate en lugar de oponerte.

Facilita y aborda el problema

Si entiendes tus propias motivaciones, tu estado interior, la naturaleza del conflicto y de las otras partes, aborda el problema que tienes frente a ti. Facilita la comunicación para llegar a una resolución y trata de asegurarte de que las partes se involucren en un proceso eficaz. La facilitación puede implicar la inclusión de un tercero o, de manera más informal, que las partes mismas desempeñen este papel. Mantén la comunicación centrada en el tema, promueve la escucha activa, asegúrate de que cada parte se exprese, evita los conflictos impregnados de emociones, resume y modera la comunicación de manera general.

El conflicto debe abordarse a través del diálogo y el debate, aplicando técnicas como el método de pesaje y calificación, explorando la forma de satisfacer las necesidades, cediendo y llegando a un consenso. Permanece todo el tiempo consciente y atento a tu propia carga emocional y a la manera en que los otros se comportan.

Cierra

Los conflictos terminan cuando se toma una decisión, y la decisión puede ser escalar y recurrir a un superior porque las partes no han podido llegar a otra resolución o, si no hay autoridad mayor, estar de acuerdo en que están en desacuerdo. Lo ideal sería que se llegue a un consenso, claro está, ya que este es el punto de inicio para actuar e implementar lo que se ha acordado.

Acepta el hecho de que a veces se llega a resoluciones, pero nadie actúa para implementarlas. En ocasiones, una de las partes dice que está de acuerdo, aunque no sea cierto, y otras veces, no hay seguimiento. Digamos, por ejemplo, que un gerente está de acuerdo en realizar un cambio de procedimientos, aunque luego le dice a su personal que no ejecute ninguna acción para implementarlo. ¿Por qué haría algo así? Tal vez no tiene una razón ni lógica ni objetiva para actuar de esta manera y aferrarse a su postura, pero tiene un apego emocional a esta.

Si hay un verdadero acuerdo, el siguiente paso será planear la acción implícita para implementarlo y ejecutarlo. Pero, al mismo tiempo, permanece abierto o abierta a la posibilidad de que la resolución no funcione, dadas las condiciones en el momento en que sea implementada.

Fusión de la atención consciente y el análisis

Para gestionar el conflicto con éxito, ten en cuenta las condiciones internas y externas y aplica una estrategia analítica que permita a las partes superar sus apegos y sesgos para llegar a una resolución que satisfaga las necesidades organizacionales y personales.

Prestar atención consciente a tu estado interior te permite evitar conflictos cargados de emoción e innecesarios, los cuales se interponen e impiden llegar a una conclusión óptima. Si eres consciente del apego que tienes a tu postura, tendrás más probabilidades de encontrar una manera eficaz de avanzar, pues ser consciente de los otros y sus necesidades aumenta tus probabilidades de superar la reticencia y encontrar una solución que satisfaga las necesidades de la situación. Asimismo, al enfrentar el conflicto de forma analítica te podrás unir a los otros para dar la cara al problema y resolverlo sin necesidad de generar dificultades interpersonales.

Conclusión

DANIEL GOLEMAN

¿Recuerdas a los dos equipos europeos de investigación y desarrollo que tuvieron una guerra, en lugar de trabajar en conjunto para diseñar un producto nuevo? Un asesor los reunió un fin de semana en un lugar fuera de sus respectivas oficinas. Los integrantes de los equipos bebieron cerveza y cenaron juntos, se conocieron en persona, hablaron de sus diferencias, de las fortalezas de cada persona en este nuevo, enorme y unido equipo, y entregaron el producto a tiempo.

Cuando las personas se entienden a un nivel personal, cuando comparten historias y experiencias, se forja la camaradería y, si surgen desacuerdos, hay menos reacciones por reflejo. Si estás al tanto de que Tom prefiere no correr riesgos —pues en su empleo anterior así lo hizo y el resultado fue una pérdida significativa—, es mucho más probable que, al compartir con él tu visión de algo nuevo y arriesgado, lo puedas convencer al explicarle, por ejemplo, por qué esta situación es distinta a la que vivió.

Para reducir la probabilidad de conflicto, trata de conocer a la gente con la que trabajas, averigua de dónde viene, qué ha hecho y qué no le ha funcionado. Al entender a tus colegas de una manera más profunda, contarás con información que te permitirá abordar de mejor forma los conflictos que llegaran a presentarse.

11

TRABAJO EN EQUIPO

Elementos básicos

Introducción

Daniel Goleman

El trabajo en equipo es la habilidad de colaborar con otros en pos de un objetivo común, participar de forma activa, compartir la responsabilidad y las recompensas y contribuir a la capacidad del grupo. Es necesario empatizar, generar una atmósfera de respeto, utilidad y cooperación, y atraer a otros para que se comprometan activamente con el esfuerzo del equipo. Los líderes hábiles en el trabajo en equipo fortalecen el espíritu, forjan relaciones positivas y se enorgullecen de la identidad grupal. Pero no se trata solo de los equipos, ya que esta competencia es la clave de todos los tipos de colaboración.

Conozco una organización internacional en la que contratan a la gente por su experiencia y su habilidad técnica, no por sus habilidades interpersonales. Cuando un equipo esencial empezó a tener mucha fricción y a no cumplir con sus fechas límite una y otra vez, la empresa trajo a un entrenador especializado en liderazgo para que trabajara con el líder. El entrenador descubrió que el líder solo se enfocaba en su propia perspectiva respecto a lo que no funcionaba en el equipo y no tenía noción alguna de lo que pensaban o sentían los integrantes. Nunca había tratado de averiguar cómo veían las cosas ni mucho menos había querido llegar a conocerlos. Lo que a este líder le hacía falta era la competencia de trabajo en equipo.

Hay una máxima japonesa que dice: «Juntos somos más inteligentes que cualquiera de nosotros por separado», y las investigaciones indican lo mismo. De acuerdo con los estudios, los grupos toman decisiones más eficaces y mejores que cualquier miembro del equipo que lo hace solo.[1] Investigaciones realizadas en equipos de todo el mundo, de Indiana a la India, muestran que cuanto mayor es la inteligencia emocional del líder, mejor es el desempeño del equipo.[2] La inteligencia emocional también se despliega a nivel grupal, y cuanta más posea el equipo, mayor será su eficacia. Todos los grupos crean y refuerzan las maneras habituales de operación que pueden ser consideradas normas. De acuerdo con las investigaciones realizadas por Vanessa Druskat[3] en la Universidad de New Hampshire, los mejores equipos tienen normas como la de señalar abiertamente los hábitos negativos de sus integrantes, realizar evaluaciones honestas de las operaciones del equipo y mantener una conciencia organizacional excepcional.

Algunas normas forjan el entendimiento entre los integrantes del equipo, lo cual es el equivalente grupal de la autoconciencia. Otras sirven para gestionar la forma en que los integrantes se sienten y actúan, que es lo que se denomina autogestión. Hay otra serie de normas que ayudan al equipo a sintonizarse con los otros componentes de la organización de los que depende, es decir, a crear empatía a nivel grupal. Por último, hay normas para relacionarse con personas externas al equipo.

Mientras lees este libro, tómate un momento para pensar en tu equipo. No importa si tienes un grupo de trabajo tradicional o uno menos convencional que trabaja a distancia. Incluso puedes pensar en tu equipo deportivo favorito o en tu familia. Si puedes ir más allá de tu perspectiva personal, verás que lo que te viene a la mente es el desafío grupal, algo en lo que todos pueden participar para mejorar en pos del beneficio del grupo o para lograr los objetivos más rápido y mejor. Con frecuencia, estos desafíos aparecen bajo la forma de una comunicación mediocre o de sistemas ineficientes. Piensa qué puedes hacer para abordar esto en la manera que tú te comunicas o con los sistemas de los que eres parte. ¿Cómo puedes modificar tu forma de operación para ser un mejor integrante del equipo?

Ser hábil en el trabajo en equipo podría implicar servir de modelo y mostrar un buen comportamiento colaborativo, o sugerir que todos se reúnan para discutir las distintas perspectivas sobre un problema específico y hacer lluvia de ideas, para trabajar en conjunto, resolver las dificultades y avanzar. Recuerda que no debes señalar a nadie ni permitir que las cosas se vuelvan demasiado personales. El énfasis deberá mantenerse en el equipo y en la manera en que todos pueden contribuir para un mejor trabajo grupal. Es necesario que practiques el trabajo en equipo, incluso si sientes que los integrantes no están haciendo lo mismo. A veces, con el tiempo, las otras personas se unirán a medida que noten que la capacidad del trabajo grupal aumenta de manera general.

El trabajo en equipo en acción

RICHARD BOYATZIS

La aplicación de esta competencia no significa dirigir al equipo o ser su líder, sino ser un buen integrante del mismo. Es una distinción muy precisa que hicimos Daniel Goleman y yo cuando desarrollamos el Modelo de Competencias de la Inteligencia Social y Emocional. La cantidad de trabajo que se realiza en los equipos es tanta que en verdad necesitas pensar en cómo regular tu participación para poder impulsar el progreso y la participación de todos los involucrados. ¿Cómo respetas a las otras personas? ¿Cómo te relaciones con los demás? ¿Cómo te enfocas en la cooperación?

En los últimos veinte años la competencia del trabajo en equipo se ha vuelto aún más importante. Esto se debe a que hemos eliminado la mayor parte de los equipos simples por medio de la deslocalización del trabajo hacia el extranjero o la robotización y, como resultado, todos los puestos tienen un valor y muchos requieren la interacción entre las personas. Mis colegas y yo publicamos un estudio[4] en el que se muestra que, desde la perspectiva de otros integrantes del equipo, la inteligencia emocional y social equivale al 31% de la única variación en la eficacia de un ingeniero. No estamos hablando de gerentes, sino de ingenieros, lo cual muestra que el trabajo de este tipo de profesionales no es una labor de contribución individual, sino grupal. En todas las áreas, desde la enseñanza a la ingeniería, pasando por el cuidado de la salud, es decir, muchos de los empleos que antes se consideraban actividades individuales, ahora exigen cierto grado de interacción grupal. Si el equipo no figura cuando estás creando algo, lo hará cuando lo vayas a aplicar, usar o implementar. Todo esto ha modificado el ambiente laboral de tal forma que, hoy en día, el trabajo en equipo es esencial.

¿Cómo se ve el trabajo en equipo en acción?

Cuando mis colegas y yo realizamos investigaciones sobre la inteligencia emocional en los equipos, grabamos en video las sesiones de las simulaciones grupales y luego las vemos para codificar los comportamientos que vemos y registrar qué competencia se aplica.

Cada vez que codificamos estos videos, las imágenes nos abruman por su contundencia. Hemos usado la etiqueta «comportamiento autorregulado» para explicar lo que vemos, pero en términos menos científicos diremos que no hay quien «se robe el show». Cuando aplicas esta competencia correctamente, creas el espacio verbal para que todos en el equipo puedan expresarse. De manera específica, se trata de monitorear el nivel en que hablas, les pides a las otras personas su opinión y respondes de forma meditada. Si alguien empieza a decir algo o muestra una respuesta no verbal, haces preguntas para instarlo a hablar. Hay un aspecto de inclusividad que es esencial para cooperar con los otros, y una parte de él consiste en hacer preguntas, aunque en realidad se trata de incluir en la conversación la voz de todos los involucrados. Esto implica regularte a ti mismo o a ti misma para permitir que participe más gente.

Cuando analizamos videos de este tipo de simulaciones realizadas por estudiantes al inicio de sus estudios de maestría en Administración de Empresas y, luego, en simulaciones justo antes de que se gradúen, vemos que al principio solo consideran que sus interacciones son una especie de concurso. Tienen la idea de que si logran dominar al grupo, estarán haciendo las cosas bien. Hacia el final, se dan cuenta de que esta es una forma espantosa de ser líder, pero también de ser integrante de un equipo. A veces, la persona que permanece en silencio es la que tiene las mejores reflexiones y comprensión.

¿Cómo evaluar tu habilidad en el trabajo en equipo?

Si yo estuviera entrenando a alguien para mejorar su habilidad en el trabajo en equipo, lo primero que haría sería hacerle ver un video de su comportamiento durante una interacción grupal. Si no te has visto a ti mismo en video, tal vez te llevarías una desagradable sorpresa. Al principio de nuestro programa de maestría en Administración de Empresas realizamos una simulación en la que seis o siete estudiantes se sentaron alrededor de una mesa; su tarea era tomar los *curriculum vitae* de seis miembros del personal de una empresa de consultoría y elegir a los tres que serían despedidos para recortar gastos. Filmamos la sesión y, luego, en la séptima u octava semana del programa, hicimos que el equipo viera el video. En aquel entonces, solíamos pagar para que un profesional realizara una codificación de los comportamientos.

Después nos dimos cuenta de que el mayor problema era que los estudiantes nunca se habían visto a sí mismos y, cuando lo hicieron, los que habían monopolizado la situación se horrorizaron. Aunque algunos podrían menospreciar a quienes no hablan y preguntarles: «¿Por qué no dices nada?», la mayoría se da cuenta de que son ellos quienes no les dan a los demás la oportunidad de respirar, mucho menos de hablar y expresarse.

¿Cómo practicar la habilidad del trabajo en equipo?

Esta competencia podría parecer simple de entender desde el aspecto emocional, pero, a veces, a la gente le cuesta trabajo recrearla en el marco de trabajar bien con otros y de una manera en que los demás estén de acuerdo con que, en efecto, se trata de un buen equipo grupal.

El mejor modo de practicarla es no tratando de apoderarse del equipo al que uno pertenece. Empieza por pensar: «¿De qué manera puedo participar? ¿Cómo puedo ayudar a los otros integrantes a participar de forma plena?». A veces es tan sencillo como notar quién está callado en el grupo y pedirle su opinión. En ocasiones hay que decir: «¿Sabes? Llevamos quince minutos discutiendo y creo que, en realidad, estamos diciendo lo mismo». En ese caso estarás practicando el trabajo en equipo y la gestión de conflictos. Esta competencia tiene que ver con ser un buen integrante del grupo y mucho de esto se relaciona con la manera en que tratas e incluyes a los otros integrantes. La inclusión no solo tiene que ver con la gestión de la diversidad, es un rasgo esencial del trabajo en equipo, en todas las formas que podrías imaginarlo.

Los equipos y los líderes inteligentes en el aspecto emocional

VANESSA DRUSKAT

Mis colegas y yo hemos encontrado una pregunta esencial respecto a las Normas de los Equipos con IE,[5] la cual se relaciona de manera constante con un nivel más alto de desempeño: ¿cómo surgen las normas? ¿Cómo desarrolla un equipo normas que fomenten la colaboración y el alto desempeño grupal? Nos hemos esforzado mucho por responder a esta pregunta y la respuesta breve es que las normas tienen más probabilidad de surgir cuando los líderes poseen inteligencia emocional. A continuación compartiré contigo la investigación que realizamos sobre este tema, así como nuestros hallazgos.

Elizabeth Stubbs Koman, antigua estudiante mía de doctorado en Case Western Reserve University, condujo el primer estudio en el que se examinó la relación entre la inteligencia emocional del líder y el surgimiento de la inteligencia emocional en el equipo.[6] Elizabeth realizó este estudio con una muestra de 81 equipos de mantenimiento y de vuelo de la Marina de Guerra de Estados Unidos. Primero usó el Inventario de Competencias Emocionales y Sociales de 360 grados para medir el nivel de inteligencia emocional que mostraban los líderes de estos equipos. En el cuestionario, a los individuos que, de acuerdo con la jerarquía, se encontraban por encima y debajo de los líderes, se les pidió que calificaran el nivel en el que sus líderes aplicaban las competencias de la inteligencia emocional, como la autoconciencia emocional, el autocontrol emocional y la empatía. A continuación, los integrantes de los equipos calificaron la fortaleza de las nueve Normas de los Equipos con IE de sus propios grupos. Por último, se recolectó información sobre los distintos equipos, la cual incluía mediciones objetivas del desempeño de cada uno.

El estudio respaldó nuestro pronóstico de que la inteligencia emocional del líder no conducía de manera directa al desempeño del equipo, pero que las Normas de los Equipos con IE sí. El estudio reveló que los líderes apalancaban el desempeño grupal por medio de su influencia en las normas del equipo (como las de hábitos, expectativas, comportamientos), y que las normas luego influían en el desempeño del equipo.

A continuación preguntamos qué comportamientos de los líderes predecían el surgimiento de normas específicas en los equipos con inteligencia emocional. Examinar los comportamientos específicos de los líderes que tienen un efecto sobre las normas y el proceso del equipo es raro porque requiere de una investigación longitudinal que analiza el comportamiento del líder y del equipo a lo largo de cierto tiempo. Como la mayoría de las organizaciones no otorgan acceso a los equipos y los líderes durante periodos prolongados, recurrimos a equipos de estudiantes y respondimos nuestras preguntas analizando los equipos de los programas de maestría en Administración de Empresas. Como estos equipos no cuentan con líderes formales, estudiamos el surgimiento de los líderes informales que surgían en los grupos que trabajaban juntos durante lapsos prolongados. Cabe señalar que los estudiantes de estos equipos tenían, en su mayoría, un mínimo de cinco años de experiencia laboral en el mundo real. Los integrantes fueron asignados a los equipos al azar.

Examinamos a estos equipos y a sus líderes «informales» en dos estudios diferentes. En el primero, empezamos al principio del año analizando las competencias cognitivas y de inteligencia emocional de los integrantes de los equipos. Luego, a unos tres cuartos del semestre, medimos las Normas de los Equipos con IE de cada grupo. En ese punto también le pedimos a cada integrante que identificara de manera anónima al integrante(s) que creían que había(n) surgido como líder(es) informal(es) de sus equipos. Él, o los líderes informales surgen con el paso del tiempo y se convierten en las personas más influyentes del equipo; es muy sencillo reconocerlos. He estudiado a líderes emergentes en equipos durante 25 años y lo interesante es que nunca he visto un equipo sin uno o dos de ellos. Las primeras investigaciones que realicé se enfocaron en los equipos que se gestionaban a sí mismos y, durante mi estudio de campo, descubrí muy pronto que, en realidad, no existe lo que se conoce como «equipo autogestionado». Siempre hay líderes informales, incluso cualquier persona en la calle podría ver el video de un equipo e identificar a los líderes informales del mismo. Cuando los líderes informales hablan, todos escuchan, cuando sus ideas surgen, influyen en los demás. En nuestras investigaciones les pedimos a los integrantes de los equipos que identificaran a los individuos que les parecían que habían surgido como líderes y siempre había un alto nivel de fiabilidad en cuanto a las personas elegidas.

Al final del semestre medimos el desempeño del equipo como una combinación de: *1)* calificaciones del proyecto del equipo y *2)* calificaciones de profesores que evaluaron la calidad e innovación del trabajo de cada grupo. Las segundas calificaciones tienden a variar más que las primeras.

Al final, descubrimos relaciones interesantes entre las competencias del líder y el surgimiento de las normas de los Equipos con IE.[7] De manera específica, vimos que los niveles extremos de las competencias no conducían al surgimiento de normas, pero, en cambio, ciertas competencias en niveles equilibrados predijeron mejor su aparición.

Este es uno de los hallazgos: primero examinamos los comportamientos del líder que predijeron el entendimiento interpersonal, una importante norma de los equipos con IE que insta a los integrantes a tomarse un tiempo para conocer las fortalezas en evolución, las debilidades y los atributos únicos de los otros integrantes. Esta norma pronostica de manera consistente el desempeño del equipo. Los resultados del estudio revelaron que si un líder mostraba en gran cantidad la competencia cognitiva denominada orientación hacia la eficiencia (preocuparse por el tiempo, por ejemplo), se reducía la probabilidad de que hubiera entendimiento interpersonal, a menos que el líder también mostrara altos niveles de empatía, una competencia de la inteligencia emocional. Dicho de otra forma, si el alto nivel de empatía del líder compensaba su orientación a un nivel elevado de eficiencia, entonces surgía el entendimiento interpersonal, norma que fomentaría niveles más elevados de desempeño. Es probable que conozcas a líderes con este perfil, que están tan enfocados en la eficiencia que no se toman tiempo para construir al equipo o para ayudar a los integrantes a conocerse entre sí. Parece que si los líderes enfocados en la eficiencia también desean entender a los miembros de su equipo a un nivel más profundo, lo más probable es que promuevan la acción de tomar algún tiempo para que los integrantes también se conozcan entre sí con mayor profundidad.

El segundo hallazgo se enfoca en la norma de los equipos con IE que señala el comportamiento contraproducente. Nuestra investigación mostró que los equipos eran más propensos a establecer este tipo de norma en la que, si el líder tiene niveles elevados de autocontrol emocional, los integrantes se responsabilizan de ayudarse entre sí a cumplir. Esto resulta lógico porque los líderes que pueden moderar sus emociones y manejar su temperamento son más capaces de darle a su equipo información o retroalimentación difícil de una manera controlada y que, por lo tanto, tendrá un impacto. No obstante, resulta interesante que, como también descubrimos, los líderes que contaban con un elevado nivel de empatía tendían a no tener equipos que desarrollaran normas en las que se señalaban los comportamientos contraproducentes. El alto nivel de empatía parecía interponerse e impedir que se proveyera retroalimentación «dura». El líder con el perfil óptimo tenía un nivel importante de empatía, pero también de autocontrol. Dicho de otra manera, los líderes que podían controlar su empatía cuando era necesario eran los más propensos a tener equipos que desarrollaban la norma en que se señalaba el comportamiento contraproducente.

Esto resulta lógico porque tener mucha empatía puede ser un obstáculo para que los líderes provean retroalimentación constructiva a los integrantes de su equipo. Hasta ahora, parece que los líderes requieren de esta habilidad, pero también necesitan ser capaces de manejar sus impulsos exagerados de la misma.

Otro hallazgo interesante de este estudio se enfoca en el surgimiento de una norma de autoevaluación del equipo que estimula la reflexión, evaluación y discusión periódicas respecto a las operaciones actuales y nivel de desempeño del equipo. Encontramos que los grupos con líderes que tenían un nivel importante de atención al detalle y la necesidad de controlar no desarrollaban esta norma. Sin embargo, no había otras competencias del líder que atenuaran dicho comportamiento y promovieran la autoevaluación del equipo. Dicho de otra forma, los líderes que se enfocaban en controlar a su equipo tendían a no desear sostener discusiones abiertas con los integrantes respecto a su estado actual y lo que podrían hacer para mejorarlo. Damos por hecho que discutir el estado actual del equipo con los integrantes exige cierto nivel de vulnerabilidad por parte del líder, porque preguntar: «¿Cómo se encuentran?», sería como preguntarse: «¿Cómo me encuentro?». Los líderes enfocados en el control son menos propensos a tomarse tiempo para este tipo de discusiones. Más allá del asunto de la vulnerabilidad, para hacer que la autoevaluación del equipo se transforme en una norma también se debe ser abierto al aporte y las ideas de los integrantes. Los líderes con altos niveles de control y orientación al detalle podrían no querer compartir con el equipo su papel como personas en posición de tomar decisiones. Resulta irónico, pero nuestros hallazgos indican que los equipos cuyos líderes desarrollan normas de autoevaluación grupal tienen niveles más altos de desempeño.

Este estudio mostró resultados similares para otras Normas de los Equipos con IE. Parece que los líderes necesitan competencias tanto cognitivas como de inteligencia emocional para promover altos niveles de desempeño del equipo. Uno de los papeles importantes de las competencias de inteligencia emocional es que compensan las fuertes competencias cognitivas y estimulan a los líderes a tomarse el tiempo necesario para enfocarse en la relación y el desarrollo del equipo.

Un segundo estudio longitudinal llevado a cabo con equipos de maestría en Administración de Empresas en Estados Unidos y España se centró de manera más directa en las competencias de la inteligencia emocional del líder informal que predijeron el surgimiento de normas de los Equipos con IE enfocadas en: *1)* relaciones individuales, *2)* comportamiento proactivo enfocado en las tareas, y *3)* comportamiento del equipo enfocado en personas interesadas e involucradas, pero externas al equipo.

Insisto, los resultados del estudio revelaron que cuando los líderes tenían niveles elevados de competencias de la inteligencia emocional como empatía y autocontrol eran más propensos a tener grupos que crearan normas de los Equipos con IE enfocadas en el desarrollo de la relación en el equipo y en una rendición de cuentas eficaz. Cuando los líderes tenían niveles altos de competencias de la inteligencia emocional como orientación hacia el logro, influencia y adaptabilidad, sus equipos eran más propensos a desarrollar normas proactivas enfocadas en las tareas. Por último, cuando los líderes tenían niveles elevados de competencias de la inteligencia emocional como conciencia organizacional y la competencia cognitiva de sistemas de pensamiento, eran más propensos a tener equipos que construían normas enfocadas en gestionar sus relaciones con las personas interesadas, pero externas.

En resumen, nuestra investigación muestra que las normas de los Equipos con IE que promueven la colaboración y el desempeño del equipo surgen cuando la inteligencia emocional y las competencias cognitivas del líder se equilibran entre sí, de tal manera que permiten a este enfocarse en el desarrollo de una relación proactiva con el equipo, la realización de tareas y el desarrollo de relación con terceras partes externas. Resulta claro que las competencias y el comportamiento del líder del equipo afectan a los hábitos, las expectativas y el comportamiento de los integrantes, lo cual, a su vez, tiene un impacto en su desempeño.

Un enfoque de sistemas para el trabajo en equipo

Ann Flanagan Petry

Los equipos deportivos son un banco de pruebas de la interacción grupal. En Estados Unidos, el beisbol es un pasatiempo nacional. Teniendo en cuenta lo contundente y convencional que es la ética del beisbol, el equipo de los Cachorros de Chicago resulta un caso de estudio interesante sobre el trabajo en equipo, pero no por las razones que podrías esperarte.

Hubo un tiempo en que al equipo de los Cachorros parecía seguirlo una nube negra. Muchos creían que sobre él pesaba una maldición. Sin embargo, el equipo hizo historia en 2016 al ganar su primer campeonato nacional en 108 años. Por supuesto, todos los equipos enfrentan altibajos, lo cual es particularmente cierto en este deporte. Sin embargo, resulta que la manera en que los integrantes de un equipo lidian con los altibajos se relaciona con la cantidad de juegos que ganan. A partir de 2011, los Cachorros reconstruyeron su equipo de la nada, eligieron a los jugadores no por sus habilidades técnicas, sino por otra cosa: un grupo de capacidades a las que denominaron «carácter» o inteligencia emocional. De hecho, Theo Epstein, presidente de los Cachorros, dice que solía mofarse de las cualidades emocionales hasta que comenzó a prestarles atención. Empezó a reconocer la importancia de la manera en que los equipos responden en el aspecto emocional, en especial en los tiempos difíciles.

Por ejemplo, cuando el equipo se rezagaba, uno de los jugadores se daba cuenta de que los jugadores necesitaban unirse, así que los convocaba a hacer *team back*. Como no sabía bien qué decir, solo les expresaba su cariño y les decía que eran el mejor equipo. Esta inyección de amor y aprecio animaba al equipo, y, poco después, la energía en los vestidores empezaba a transformarse y pasaba del abatimiento a la resolución. Esta explícita expresión de amor y camaradería daba la vuelta a la situación. Vale la pena señalar que el equipo se esforzó y terminó ganando la Serie Mundial, es decir, el campeonato nacional; y que los jugadores consideran que esos *team back* jugaron un factor central en su éxito en la Serie Mundial.

A los admiradores de los deportes no debería sorprenderles esta historia de un equipo que gana después de una racha demasiado larga de derrotas porque forma parte de la tradición de los campeones. Lo que es sorprendente es lo poco que los lectores comprenden el papel que juega la inteligencia emocional en cada encuentro en que haya involucrado un equipo, ya sea para tratar de ganar partidos de beisbol, salvar a un paciente en la sala de emergencias o diseñar una nueva aplicación. A veces es difícil entender que, en lo que se refiere al desempeño general de un equipo, la inteligencia emocional triunfa por encima de cualquier otra habilidad, pero la evidencia es abrumadora.

Los estudios realizados por investigadores del Instituto Tecnológico de Massachusetts (MIT, por sus siglas en inglés), Carnegie Mellon, Harvard y muchas más instituciones nos indican que, a lo largo y ancho de todas las industrias, los equipos exitosos tienen algo en común. Además de un cociente intelectual promedio o más elevado, los equipos con un alto nivel de desempeño tienen dos ingredientes clave. En primer lugar, cuentan con competencias relacionales, lo cual se manifiesta en su capacidad de sintonizarse con otras personas a través de la empatía y la sinceridad.[8] Los equipos de cuyo triunfo podemos estar seguros son capaces de detectar señales sociales —como cuando alguien está molesto, se siente excluido o abrumado— y pueden solucionar esto involucrando a la persona en cuestión. En cambio, los integrantes de equipos ineficaces no pueden hacer esto de manera consistente y, además, muestran una sensibilidad sumamente inferior hacia sus compañeros.[9] En segundo lugar, todos los integrantes de equipos de alto nivel de funcionamiento hablan más o menos durante la misma cantidad de tiempo. Es a lo que los investigadores de ciencias sociales llaman «igualdad en la distribución de la repartición de tiempo de conversación». Se ha visto que si solo una persona o un pequeño grupo habla todo el tiempo, la inteligencia colectiva del grupo disminuye. Estas prácticas esenciales, pero sutiles, generan las condiciones necesarias para la seguridad psicológica, el respeto, la apertura y la honestidad.[10] En efecto, las capacidades relacionales mencionadas son esenciales para lograr los mejores resultados posibles, sin importar de qué tipo de equipo estemos hablando.

Forjar las competencias del trabajo en equipo es más importante que nunca. De hecho, una encuesta reciente realizada a siete mil ejecutivos en todo el mundo confirma que las habilidades del trabajo en equipo son lo primero que le viene a la mente a la mayoría. Casi la mitad de los encuestados dijeron que sus instituciones se encontraban ya sea en plena reestructuración o contemplando una con el objetivo de formar equipos más ágiles.[11] Las empresas se están deshaciendo de los silos funcionales y ahora favorecen las unidades y los grupos de trabajo interdisciplinarios. Por ejemplo, la Universidad de Illinois cuenta con una nueva facultad de medicina, la cual tiene como base el trabajo interdisciplinario entre medicina clínica, biociencias e ingeniería. En esta escuela, médicos, ingenieros, enfermeras y terapeutas están creando en conjunto una versión innovadora del cuidado médico; sin embargo, sus equipos solo son tan eficaces como lo son sus integrantes de manera individual. En industrias como las del cuidado de la salud y la aviación, las capacidades del trabajo en equipo pueden, literalmente, significar la diferencia entre la vida y la muerte.

Debido a que son sistemas, los equipos prosperan o fracasan según sean la calidad de la interacción de la gente, los procesos y las estructuras que los comprenden. Los equipos en el lugar de trabajo son dinámicos, algo que vemos todo el tiempo en la industria del cuidado de la salud. Una enfermera o enfermero podría tener distintos compañeros dependiendo del turno que le toque trabajar o del departamento hacia el que tenga que dirigirse. La profesora Amy C. Edmondson, de la Harvard Business School, reconoce la necesidad de hacer que la gente entienda mejor la naturaleza dinámica del trabajo en equipo y por eso presentó el concepto del *teaming*. «*Teaming* (hacer equipo) es un verbo, una actividad dinámica, no una entidad estática y limitada. En su mayor parte, la determinan la mentalidad y las prácticas del trabajo en equipo, no el diseño ni las estructuras de los equipos eficaces».[12] Este simple cambio en el vocabulario también modifica el pensamiento respecto al desarrollo y funcionamiento del grupo. A diferencia de los integrantes de los equipos deportivos, que pasan temporadas completas jugando juntos como una unidad, muchos equipos en las oficinas y otros lugares de trabajo se reúnen un día o una semana y luego se disuelven o reconfiguran. Como lo ilustra el ejemplo de los enfermeros, los equipos clínicos son como puertas giratorias que controlan la membresía. Los equipos cuya configuración está en cambio continuo, además de las competencias cognitivas o centradas en las tareas, requieren de habilidades emocionales. Todas las personas necesitan ser conscientes de las competencias esenciales del trabajo en equipo y tener la capacidad de desplegarlas para alcanzar el éxito.

Sabemos que los equipos desarrollan normas. Los equipos inteligentes incorporan a su cultura normas relacionales de gran calidad, pero con frecuencia soslayan el papel esencial de las competencias emocionales del trabajo en equipo. La gente suele pensar que los equipos excepcionales son una anomalía, un producto de la buena suerte. Por lo general, la adopción de las normas por parte del equipo sucede de manera informal. Las mentalidades y los comportamientos implícitos sobre la comunicación, las tomas de decisiones y las metas se transfieren de forma poco ceremoniosa y sobre la marcha. Piensa en una persona que es asignada a un equipo. Tal vez lleve algún tiempo con la organización, pero de todos modos será un «nuevo» integrante del equipo. En poco tiempo se verá expuesta a la mentalidad y los comportamientos informales de la inteligencia emocional del grupo. Por ejemplo, cuando entre a una reunión, ¿los otros harán contacto visual con ella? ¿Habrá una sonrisa de bienvenida, la gente asentirá al advertir su presencia? ¿Le resultará seguro hablar y expresarse? En los equipos que cuentan con un nivel elevado de inteligencia emocional grupal, los integrantes tienen comportamientos clave como mostrar un interés genuino en los otros y recibir bien las diversas opiniones. Asimismo, alientan a los integrantes a participar de una manera igualitaria y con frecuencia usan el humor para dispersar los conflictos, pero sin mantenerse alejados de las conversaciones complejas.

No obstante, la socialización informal de las normas grupales puede tener una desventaja si la competencia del trabajo en equipo con que se cuenta no es de buena calidad. Estudios recientes sugieren que cada año ocurren entre 130.000 y 575.000 fallecimientos prevenibles debido a errores médicos. Es el equivalente a tres colisiones fatales de aviones de pasajeros al día.[13] Si bien los daños a pacientes por errores médicos son producto de habilidades técnicas mediocres, lo que está detrás de la mayoría de las lesiones y los errores médicos es la falta de competencias relacionales en el trabajo en equipo, no la maestría técnica.

En efecto, toda la gente comprende el papel esencial del trabajo en equipo óptimo, en especial en las industrias en que un error puede costar una vida. Por esta razón, el objetivo debe ser forjar en los empleados capacidades que aumenten la probabilidad de un buen funcionamiento del equipo en cualquier lugar y de manera que los integrantes reúnan, sobre todo, las capacidades de la inteligencia emocional que generan confianza y relaciones sólidas.

Cultivar el trabajo en equipo para lograr el éxito del líder

MATTHEW LIPPINCOTT

Los líderes que deliberadamente desarrollan fortaleza en la conciencia social y el manejo de relaciones son capaces de formar y dirigir equipos eficaces. Esto lo descubrí durante la investigación doctoral sobre la eficacia del liderazgo y la atención consciente que desarrollé en la Universidad de Pensilvania en 2016.[14] En mi estudio, los líderes realizaron entrevistas a profundidad en las que exploraron la manera en que la atención consciente o *mindfulness* contribuía a lograr resultados específicos y un mejoramiento general de la eficacia. Uno de los pasos del proceso que completé implicaba el uso de la infraestructura del Inventario de Competencias Emocionales y Sociales (ESCI, por sus siglas en inglés)[15] para identificar en los participantes la presencia de competencias de este inventario.

Los líderes que entrevisté reportaron que el éxito en sus carreras coincidía con el desarrollo de equipos que funcionaban con una supervisión limitada por parte del líder. Este resultado requería de un comportamiento como modelo y de entrenamiento para forjar relaciones sólidas en el equipo. También exigía que a veces el líder funcionara en igualdad como cualquier otro integrante, pero que, al mismo tiempo, demostrara estar comprometido con el éxito de todos en su papel de autoridad.

Los participantes en mi estudio también asumieron la responsabilidad de la calidad general de la experiencia de su equipo en el lugar de trabajo. Crear estos resultados exigió que el líder hiciera un esfuerzo visible por obtener recursos organizacionales para el desarrollo de cada uno de los integrantes y que invirtiera una cantidad importante de tiempo personal para lograr esta meta. Asimismo, la generación y utilización de canales abiertos para la retroalimentación honesta también fue un aspecto vital del desempeño del equipo.

Debido a que el liderazgo es una actividad relacional, exige la aplicación de competencias vinculadas con la calidad de las relaciones interpersonales.[16] Estas competencias tienen que ver con la habilidad de comunicarse con claridad, desarrollar confianza y proveer retroalimentación con orientación al desempeño.[17] No resulta sorprendente que en las investigaciones se haya descubierto que existe una relación importante entre la inteligencia emocional de un líder y el funcionamiento eficaz de su equipo.[18]

Por ejemplo, para tener desarrollo colectivo o mayor cohesión entre los integrantes, se requiere de una atención estable y controlada de las emociones y la comunicación. A esta atención la complementa la autoconciencia.[19] Se cree que esta es la base de los modelos mentales compartidos y de la coordinación del esfuerzo entre los integrantes.[20] Investigaciones recientes también indican que el hecho de que los integrantes del grupo compartan emociones puede dar como resultado un enfoque mutuo de atención en las tareas compartidas. Esto contribuye a un progreso colectivo y orientado hacia las tareas, así como a la resolución de problemas.[21]

Un ejemplo del poder del trabajo en equipo sacado del mundo real

Durante su titularidad como director ejecutivo de una empresa internacional de energía y construcción, Michael (el nombre se ha modificado para esta historia) pudo aumentar significativamente la rentabilidad y triplicar la cantidad de empleados en nómina. Como parte de este proceso, modificó dos unidades de negocios que habían fracasado, lo cual logró enfocando sus esfuerzos en la eliminación de los elementos disfuncionales de los equipos. Parte de la estrategia que utilizó implicó vincular de manera formal a cada una de las unidades con el éxito de la organización entera. Sin embargo,

Michael sabía que dar ese paso no sería adecuado si él mismo no intervenía sustancialmente en el proceso.

Su estrategia dependió en gran medida de la comprensión de que su éxito se basaría en la reparación de las relaciones hostiles de ciertos colegas de una y otra unidad de negocios. Su objetivo era «trabajar acompañándolos para lograr que operaran de una manera por completo distinta en cuanto a la relación entre ellos». Esto iba más allá de las de por sí difíciles tareas para eliminar los comportamientos pasivo-agresivos y la franca desconfianza entre las unidades. Parte de esta estrategia, que cuestionaron muchos de los superiores de Michael, implicaba involucrar a los líderes de unidad para que ayudaran en la resolución de los problemas que enfrentaban sus pares.

Estos ambiciosos objetivos solo podrían lograrse modificando la naturaleza de las relaciones entre las unidades de negocios implicadas. Ahí fue donde Michael centró su esfuerzo. «La mayoría del trabajo que realicé fue con esas personas del equipo de dirección para ayudarles a ver otras posibilidades y formas de trabajar que no habían considerado o que no podían implementar porque carecían de las habilidades necesarias», explicó. Esta estrategia se basó en la comprensión fundamental de Michael de que el éxito organizacional requería de empleados comprometidos de manera absoluta. Necesitaban una mezcla de desafíos atractivos, esperanza en el futuro y oportunidades de desarrollo para nuevas competencias. También entendía que para que eso ocurriera «debían soltar su ansiedad respecto a lo que había sucedido en el pasado, pero también sobre lo que sucedería en el futuro».

Disipar la tensión acumulada a lo largo de varios años de resentimientos, conflicto permanente y juicios negativos no fue una tarea sencilla. El primer paso se logró por medio de una serie de ejercicios implementados por expertos que facilitaron la resolución del conflicto e hicieron aflorar las creencias imprecisas respecto a las otras personas. Estos ejercicios fueron aplicados a lo largo de varios meses e incluyeron un diálogo formal, en ocasiones mediado, entre las partes hostiles. Otros ejercicios sirvieron para que los líderes centraran su atención en los logros y contribuciones de los otros.

Esto incluyó un reconocimiento serio y detallado, así como expresiones de gratitud. Recordarles a los líderes de las unidades las cosas positivas que se habían hecho ayudó a reestructurar las percepciones de otras unidades en un contexto más optimista.

Las actividades tenían como objetivo desarrollar una apreciación consciente del posible valor que estaría disponible para todos si pudieran avanzar sin dudas, desconfianza y perspectivas negativas. Michael reportó que logró su meta de entrenar a los líderes de cada unidad y enseñarles nuevas maneras de comunicarse y trabajar juntos en pos de metas comunes. Dado que era el director ejecutivo, también desempeñó un papel específico en el proceso, se responsabilizó de que los participantes alcanzaran sus objetivos y les mostró su apoyo participando activamente.

Aunque el desempeño de la organización mejoró a lo largo del año en que Michael se hizo cargo, el segundo y el tercero excedieron sus metas. Cuando él se fue de la empresa, esta siguió la trayectoria que había trazado, la cual incluía crecimiento continuo y un elevado nivel de retención de personal que no se había producido antes. Hace poco, Michael se enteró de que el nuevo director ejecutivo le da crédito por sus contribuciones, específicamente por la transformación de la cultura dentro de la compañía.

Conclusión

Daniel Goleman

Recibí la llamada de un ejecutivo de los Golden State Warriors, el equipo de baloncesto que acababa de ganar el campeonato de la National Basketball Association (NBA). A los lectores que no viven en Estados Unidos les puedo decir que, en este deporte, dicho campeonato es el equivalente a la Copa Mundial de futbol. El ejecutivo me dijo que ningún equipo ganaba el campeonato el primer año de trabajo con un nuevo entrenador. No había sucedido nunca. Sin embargo, los Warriors ganaron con Steve Kerr, su nuevo *coach*. ¿Por qué?

El ejecutivo me dijo que se debió a que Steve Kerr tiene un nivel muy elevado de inteligencia emocional. Las lecciones que podemos retener de este entrenador son:

- Cultiva una atmósfera en la que se celebre el éxito de cada uno de los integrantes del equipo.
- Siempre ten en mente las normas y los valores del equipo.
- La mayoría de los problemas en los grupos se debe a la incapacidad para manejar las emociones, así que, cada vez que traigas gente nueva al equipo, asegúrate de que cuente con inteligencia emocional.
- Infunde la norma de la «preocupación por los otros». Las personas se desempeñan mejor cuando sienten que sus compañeros de equipo empatizan con ellas, las respaldan y están ahí para ayudarles.

Lo anterior no es aplicable solo a los equipos deportivos, cualquier líder de un grupo será el indicado para establecer y formar normas nuevas y más eficaces para todos.

12

LIDERAZGO INSPIRADOR

Elementos básicos

Introducción

Daniel Goleman

La competencia del liderazgo inspirador o la capacidad de inspirar consiste en animar y guiar a la gente para que realice el trabajo y dé lo mejor de sí misma. La inspiración te permite articular una misión compartida con la que motivas y ofreces una noción de propósito común que va más allá de las tareas que las personas realizan de manera cotidiana.

La BBC, la famosa empresa británica de medios de comunicación, creó una división experimental. Después de un año de trabajo, el equipo principal llegó a la conclusión de que la división no estaba logrando lo que deseaban, así que decidieron eliminarla. Enviaron a un ejecutivo a hablar con los integrantes, y este empezó por decirles que acababa de regresar de una elegante conferencia en Montecarlo, donde varios directores de otras organizaciones de medios dijeron que intentaron establecer una división similar. Dichas divisiones habían tenido un buen desempeño, pero la de la BBC fracasó.

Cuando habló con la gente de la división creativa para darle la mala noticia, el ejecutivo se mostró muy arrogante, incluso grosero, y esto provocó que todos pusieran el grito en el cielo. La situación se tornó tan intensa que tuvieron que llamar al equipo de seguridad para sacarlo de la sala de reuniones.

Lo que a ese ejecutivo le hizo falta fue la competencia del liderazgo inspirador.

Esto es lo que nos dice la información respecto a esta competencia. En investigaciones realizadas en la escuela de negocios de Case Western Reserve University,[1] se descubrió que los integrantes de los equipos ven a los líderes inspiradores, es decir, aquellos que articulan una visión compartida que hace que la gente participe, como individuos muy eficaces. De hecho, estos líderes reciben halagos, tanto de quienes les reportan de manera directa como de sus colegas.

Investigaciones neurocientíficas[2] revelan que los líderes a quienes sus empleados califican como sumamente inspiradores muestran mayor armonía en sus respectivos circuitos neuronales, esenciales para la integración de los pensamientos y las emociones, en tanto que los líderes que no son inspiradores carecen de dicha armonía cerebral. Recordarle a la gente cuál es el propósito de la organización o de su trabajo en equipo mostró tener un impacto enorme en su motivación, orgullo y energía. Pienso en Bill George cuando era director ejecutivo de Medtronic, una empresa que fabrica aparatos médicos. George contactó con pacientes cuya vida se había salvado gracias a los productos de la empresa y les pidió que visitaran la fábrica, hablaran con la gente que los fabricaba y le expresaran su agradecimiento. Este ejercicio permitió que los fabricantes sintieran un orgullo adicional y pusieran aún más cuidado en su trabajo. Durante el tiempo que George fue director ejecutivo, los ingresos por ventas de Medtronic aumentaron de forma estratosférica y la empresa, de manera general, tuvo mucho éxito.

El liderazgo inspirador puede manifestarse de muchos modos, pero el contexto es importante. Los líderes que han desarrollado otras competencias de la inteligencia emocional y social, como autoconciencia emocional, empatía, actitud positiva y trabajo en equipo, son más propensos a contar con la habilidad de pensar creativamente y de encontrar las mejores maneras de hacer que la gente se involucre y comprometa. Esto se debe a que tendrán conversaciones con sus equipos, los escucharán y reflexionarán respecto al aporte de los integrantes. Este líder tendrá una mayor intuición para saber qué deberá solicitar respecto a una poderosa meta compartida. Este tipo de vínculos humanos son precisamente los que encienden la chispa de la inspiración.

La base del liderazgo inspirador

RICHARD BOYATZIS

La competencia del liderazgo inspirador implica sintonizarse con la visión o el propósito del grupo u organización. Antes de hablar de un propósito, es necesario pensar en él, de ahí que debas invertir algún tiempo para tratar de entender cuál es la visión mayor. Los objetivos son importantes, pero no son el propósito. El propósito, la visión, la misión, todos estos conceptos son más extensos y, de hecho, también más vagos que una meta en particular. A veces, incluso son más nobles o filosóficos. El liderazgo inspirador no consiste en articular los objetivos o metas para un grupo, pues eso pertenece más a la competencia de la orientación hacia el logro, si es que hablamos del Modelo de la Inteligencia Emocional y Social para el liderazgo. Mostrar liderazgo inspirador consiste en percibir cuál podría ser el propósito y luego pensar en la manera en que se le podría solicitar al grupo hablar de él o recordarles a otros de qué se trata.

Daniel Goleman y yo formamos parte del Consortium for Research on Emotional Intelligence in Organizations (Consorcio para la Investigación de la Inteligencia Emocional en Organizaciones), el cual ha tenido reuniones bianuales desde hace diecinueve años. Las reuniones duran día y medio y dan inicio con uno de nosotros explicando lo que colectivamente hemos decidido que es la visión y misión de nuestro grupo. Aunque esta ceremonia parecería un poco artificial, cuando nos vimos por tercera ocasión, el segundo año, estábamos ansiosos por escuchar esta exposición. Hasta la fecha, nos permite reiniciar y nos ayuda a volver a conectarnos con el único propósito para el que estamos ahí. Además, la frase guía nuestra estrategia y nuestras decisiones a lo largo de toda la reunión.

Otra de las competencias de la inteligencia emocional que se relaciona con el liderazgo inspirador es la influencia o capacidad de influir. La influencia tiene un aspecto que se convierte, casi de manera universal, en un indicador del liderazgo eficaz y de la fortaleza de la competencia del liderazgo inspirador. Se trata del momento en que influyes en otros, no solo porque deseas que se acerquen a tu punto de vista (competencia de la influencia), sino porque coincide con la visión compartida, el propósito o la misión de la organización.

Cuando estás tratando de que la gente se reúna para apoyar este propósito —que no solo es mayor, sino también más noble en muchas ocasiones—, manifiestas la competencia que denominamos liderazgo inspirador o capacidad de inspirar. La intención es inspirar a la gente en su búsqueda de la visión o misión compartida. Los comportamientos deseados incluyen hablar sobre la misión, sobre el sentido del propósito y la razón por la que todos están ahí reunidos, y llevar esto a un nivel más elevado.

En varios de nuestros primeros libros,[3] Daniel Goleman, Annie McKee y yo hablamos sobre las relaciones resonantes, aquellas en las que la gente entra en sincronía con el otro. Hemos dicho que estas relaciones ideales son la forma más eficaz de vincularse en el liderazgo. Cuando las cosas suceden así, con mucha frecuencia es porque el líder aplica su competencia del liderazgo inspirador y el seguidor responde a esta cualidad.

Esta competencia es una de las más sofisticadas y, por lo tanto, bastante complicada de usar. Para ser creíble o auténtico, uno debe sentirse inspirado antes de inspirar a otros. Asimismo, para aprovechar el contagio emocional de manera correcta, se debe estar en un verdadero estado mental positivo, lo cual exige un nivel extremo de atención consciente, así como una profunda autoconciencia emocional. Después, la persona debe conocer las coaliciones en el interior del equipo y usarlas para trabajar con orgullo en pos de una visión compartida. Cuando todos estos factores se conjugan, puedes proveer a tu equipo u organización de un liderazgo en verdad inspirador.

La inspiración y nuestro noble propósito

ANNIE MCKEE

Hace algunos años trabajé con una empresa de venta al por menor bastante exitosa y de dimensiones importantes. Sus productos servían para promover la salud y el bienestar, y la mayoría de los empleados se habían unido a la empresa porque sentían que su labor serviría a un propósito mayor. No obstante, al ahondar un poco, descubrimos que, aunque el propósito era noble, este había terminado enterrado por la presión de obtener resultados a corto plazo y por el hecho de que muchos de los empleados ahora sentían que su verdadero trabajo consistía en cumplir con objetivos financieros en lugar de suponer una diferencia en la vida de la gente.

El director ejecutivo estaba afligido, sentía que el negocio corría el riesgo de salirse de control, que la gente de toda la empresa había perdido de vista aquello que alguna vez hizo de ella un icono: su misión de ayudar a la gente a llevar una vida más sana. Él mismo sentía que estaba dejando ir su propio propósito y que su visión se había empañado. Corría el riesgo de volverse cínico y sentirse hastiado. Y eso, en su opinión, no serviría de nada.

Este ejecutivo y el equipo principal mostraron su valentía y decidieron enderezar el negocio y tratar de hacer las cosas mejor. Empezarían por volver a conectarse con los valores, esperanzas y sueños de la empresa y los empleados. Como parte de nuestra intervención, empezamos por pedirles a los líderes más importantes que identificaran lo que les interesaba y lo que estaban tratando de hacer en el mundo. Luego, con el objetivo de averiguar lo que le importaba a la gente de la empresa y de qué manera esperaba marcar la diferencia con su trabajo, hicimos que una gran cantidad de empleados participara en seminarios, conversaciones grupales y entrevistas privadas.

Sucedió algo asombroso: el proceso dejó entrever problemas reales del negocio que podrían remediarse con rapidez, lo cual se hizo enseguida. Cierto, no fue sencillo porque algunas de las dificultades tenían que ver con una cultura que promovía feudos construidos alrededor de demasiadas marcas. Se requirió de mucho valor para modificar la estructura organizacional y reducir el catálogo de productos.

El proceso también evidenció el hecho de que a los empleados de todos los niveles, desde los equipos en la parte superior de la jerarquía hasta los individuos reclutados de manera reciente, les apasionaba la misión de la empresa y deseaban que esta fuera el motor de todo lo que hacían. Incluso deseaban ir más allá de los límites de la rentabilidad y el enfoque a corto plazo y crear un negocio que produjera un éxito sostenible, pero sin dañar al medio ambiente. Querían tener un impacto mayor y más positivo en sus clientes y el mundo.

Con este objetivo, los líderes empezaron a mirar hacia el futuro, lo más lejos posible, y a imaginar el impacto en el clima y el ambiente. Poco después ya estaban de acuerdo en que esta misión, este noble propósito, debía cobrar vida para los empleados y para ellos también. Hicieron modificaciones dramáticas que, al principio, fueron recibidas con escepticismo y desprecio. A Wall Street no le gustó la estrategia porque la empresa tuvo pérdidas a corto plazo mientras invertía para encontrar nuevas maneras de fabricar sus productos, pero, claro, sabemos que Wall Street no siempre tiene la razón. En este caso, pasados algunos años tras los cambios, la empresa es más exitosa y los empleados se sienten más comprometidos que nunca.

La empresa de la que hablo encontró su alma y su noble propósito; sin embargo, para realizar y sostener cambios tan masivos, todos los líderes y gerentes tuvieron que transformarse en líderes visionarios e inspiradores. ¿Cómo lo lograron?

Los buenos líderes inspiran a otros

En esta empresa se aceptó la idea de que la tarea más importante de un líder era inspirar a la gente. En nuestra mejor versión, le damos a la gente las herramientas necesarias para que vea la conexión entre aquello que más le importa y lo que hace en el trabajo. Ayudamos a las personas a aprovechar la pasión, la energía, la emoción y el entusiasmo para que realicen sus tareas cotidianas y luego vinculamos esas tareas con el noble propósito que todos comparten, pero que también es significativo para cada uno de manera individual.

Como líderes, queremos mover a la gente, inspirarla para que desee la grandeza, y sabemos que esta es nuestra principal responsabilidad. Sin embargo, en nuestros momentos privados de reflexión, casi todos sabemos que podríamos hacer las cosas de una manera aún mejor. La buena noticia es que el liderazgo inspirador es susceptible de aprenderse. Paradójicamente, ser mejor al inspirar a otros no empieza con «los otros», sino con «nosotros». Necesitamos entender la fuente de nuestra pasión, tener una visión nítida de nuestro noble propósito. Luego necesitamos tratar de entender lo que desean y necesitan quienes nos rodean, lo que les importa y parece valioso. Armados con este conocimiento, podemos hacer que cada persona sienta que importa, podemos crear un ambiente desbordante de esperanza, una microcultura resonante en la que todos puedan ser su mejor versión y hacer su mayor esfuerzo.

Empieza con la autoconciencia

Inspirar a otros empieza por entendernos a nosotros mismos, pues es imposible inspirar a la gente a que se comprometa con su trabajo si nosotros no sentimos pasión por lo que hacemos o no lo expresamos con nuestras acciones. Nuestra gente sabe si somos sinceros o no, nota la diferencia entre alguien que dice que se «pone mono de trabajo» y alguien que está verdaderamente emocionado y comprometido con las metas comunes. Por eso, como líderes, debemos saber qué es lo que nos importa y tener claridad respecto al propósito y nuestros valores, pero también qué impacto esperamos tener en la gente y qué resultados nos interesan. Debemos comprender nuestra motivación, por qué todos los días hacemos lo que hacemos.

Una vez que nos queda claro lo que importa, el siguiente paso consiste en disciplinarnos para actuar, a partir de nuestro noble propósito, todos los días. Tenemos que ser capaces de explicarles a otros por qué nuestras metas colectivas y la esperanza que tenemos para el futuro nos importan tanto, del mismo modo que necesitamos mostrarle a la gente con nuestras acciones que vivimos a la altura de nuestros ideales y los de ella.

Ahora, una advertencia: muchos de nuestros entornos laborales son complicados, algunos incluso son tóxicos, y para inspirar a la gente debemos alejarnos de la presión de la vida laboral, de las emociones negativas que fomentan las culturas imperfectas, y tener como objetivos el optimismo y la esperanza.

También necesitamos protegernos del estrés y la sobrecarga laboral, de las enfermedades modernas que nos hacen ver solo lo que se necesita hacer el día de hoy. Cuando caemos en las garras del síndrome del sacrificio, cuando estamos furiosos o agotados, es demasiado fácil perder de vista nuestra visión a largo plazo, nuestro noble propósito y el de la empresa. En el peor de los casos, que se presenta con más frecuencia de lo que debería, apagamos nuestro detector de lo correcto y lo incorrecto, cruzamos fronteras, comprometemos nuestros valores, tomamos decisiones que no nos hacen sentir bien. Y cuando nos encontramos en ese estado, es imposible inspirar a otros. Por eso necesitamos cuidarnos a nosotros mismos, controlar el estrés y evitar trabajar demasiado. Debemos entender dónde se encuentra la línea que pintamos en la arena y jurar no cruzarla. Luego debemos mantener los ojos y los oídos abiertos. ¿La gente está escuchando el mensaje? ¿Se da cuenta de que tenemos buenas intenciones? ¿Nos cree? Y, lo más importante, ¿sabemos lo que le importa a ella?

Averigua lo que le importa a la gente y actúa en consecuencia

Regresando a la historia de la empresa de bienes de consumo que se transformó a sí misma, debemos decir que, sin importar cuál sea nuestro trabajo, podemos aplicar varias de las enseñanzas de su director ejecutivo.

En primer lugar, el director se dio cuenta de que tenía que conectar a la gente con un propósito más noble que hiciera eco en cada ser humano, sin importar si se encontraba en China, Indonesia, Alemania o Estados Unidos. Pero para poder hacer esto, primero tenía que entender a la gente, averiguar qué le importaba, qué la impulsaba y cuál consideraba que era el noble propósito de la empresa. Por supuesto, en una organización con decenas de miles de empleados es imposible hablar con todos. Lo que sí podía hacer era asegurarse de que las conversaciones que entablara fueran auténticas y que incluyeran algo más que la típica información de los reportes financieros. Podía ponerse a disposición de los empleados y eso hizo, les dijo que quería saber qué pensaban del negocio y cuáles eran sus sueños para el futuro. Y en todas sus interacciones aplicó una de las valiosas competencias de la inteligencia emocional: la empatía.

También marcó el tono en la cima de la jerarquía y empoderó a los líderes para que trataran de entender a sus empleados y para que, a su vez, empoderaran a sus gerentes en toda la organización y los hicieran adoptar la empatía y el deseo de escuchar con atención. Para generar este tipo de resonancia en nuestro entorno necesitamos permitirnos ser vulnerables, ser humanos. Debemos mirar alrededor y ver qué podemos hacer hoy para fomentar una microcultura basada en el respeto mutuo, la celebración de nuestra diversa humanidad y la noción de que estamos juntos en esto. Podemos iluminar lo que está bien en cada uno como individuo, pero también nuestra grandeza como grupo, como empresa.

Este es el liderazgo inspirador, esta es la inteligencia emocional.

Todos pueden inspirar

Cuando nuestro trabajo es significativo y está vinculado con una visión del futuro que nos parece poderosa y desafiante, pero asequible, pensamos mejor, trabajamos con más ahínco, nos involucramos de una manera más profunda con nuestro trabajo y somos más eficaces en lo individual y lo colectivo. Cuando sabemos que lo que hacemos es la expresión de nuestros valores más íntimos, cuando vemos que estamos teniendo un impacto y cuando mantenemos nuestro noble propósito al frente y en el centro, somos más felices en el trabajo y más capaces de inspirar a quienes nos rodean a ser su mejor versión y esforzarse al máximo.

El liderazgo inspirador es la capacidad de mover a la gente y todos tenemos la oportunidad de hacerlo en nuestro lugar de trabajo, podemos conmover a las personas y aumentar su involucramiento con su labor. Podemos agitar los sentimientos que tienen los otros hacia nosotros, así como su respuesta emocional a las tareas cotidianas. Todos podemos asumir la responsabilidad de mejorar la naturaleza de nuestras relaciones con los demás, tratar de divertirnos más en el trabajo, ser más optimistas de forma deliberada e inyectarles a nuestras conversaciones cotidianas el sentimiento que nos dice: «Podemos hacer esto». Al hacerlo descubriremos que el trabajo se vuelve más disfrutable y que somos más felices y exitosos.

Entrenar a líderes para producir inspiración auténtica

MATTHEW TAYLOR

La líder se pone de pie frente a su equipo y el sudor recorre su espalda. Está preparada para dar a conocer la nueva iniciativa que ha redactado y vuelto a redactar de manera meticulosa. Siente una presión tremenda, esto tiene que salir bien, ella debe ser lo bastante inspiradora y formidable para convencer al equipo de aceptar el cambio. Este es el punto de giro para su plan. O es aceptado o no…

¿Cierto?

¿Cuántos hemos visualizado este tipo de momento al pensar en el liderazgo inspirador? En mi experiencia como entrenador y estudiante del liderazgo con inteligencia emocional, sé que muchos líderes tienen esta estrecha noción de lo que significa inspirar. Nos imaginamos al orador deslumbrando con una profundísima actuación a toda la gente en una sala de juntas. En Achievement First (AF), la red de escuelas de administración donde entreno a líderes preprofesionales, solíamos alinear nuestro entrenamiento de liderazgo inspirador con este objetivo de manera exclusiva. Sin embargo, al estudiar el liderazgo con inteligencia emocional aprendimos dos lecciones que cambiaron la jugada:

1. La mayoría de lo que un líder hace para inspirar a las personas sucede en reuniones individuales y detrás de cámaras.
2. Los comportamientos del liderazgo inspirador no son una actuación. Para que los líderes inspiren de verdad, deben salir de su cabeza (dejar de planear sus discursos o acciones),

visitar su corazón (por qué les importa) y conectarse con la gente de una manera auténtica.

En AF ahora enfocamos nuestro entrenamiento inspirador y el desarrollo profesional en las siguientes preguntas:

¿Por qué te importa?

Cuando hacemos esta pregunta estamos presionando a nuestros líderes a conectarse con lo que su instinto les dice respecto a un dilema específico de liderazgo. Y con instinto nos referimos tanto sus valores y principios como a las lecciones aprendidas.

Solíamos realizar sesiones en las que los líderes exploraban sus valores esenciales fuera de contexto, pero comprendimos que lo que en realidad necesitábamos era que conectaran los valores a los desafíos y que luego alinearan su comportamiento con dichos valores. En las simulaciones de liderazgo y en el entrenamiento 1-1 ayudamos a los líderes a ahondar en sus creencias y articularlas con un desafío específico de manera auténtica, incluso si no es prolijo, de tal suerte que los interesados sientan confianza. Cuando los líderes aprenden a actuar y a hablar a partir de sus creencias, se sienten confiados e incluso poderosos. Confían en su fortaleza en lugar de enfocarse en las reacciones de los otros.

¿Por qué le importa al equipo?

Los líderes inspiradores se conectan con lo que les importa a sus equipos. «Inyectan vida a la esperanza y a los sueños de otros».[4] A esta habilidad Goleman y su equipo la llaman «sintonización» (*attunement*), que es una conexión directa con los centros emocionales de las otras personas.[5] Cuando les preguntamos a nuestros líderes por qué sus equipos son importantes, los estamos forzando a forjar su sintonización. Lo hacemos enseñándoles a escuchar a los equipos de una manera amplia y a los individuos con profundidad y empatía. Buena parte de este entrenamiento exige que los líderes en ciernes apliquen su autoconciencia respecto a lo que les impide estar presentes con la gente y a que usen la autogestión para vincularse de verdad. Les enseñamos que la mejor herramienta para forjar una conexión es la escucha y que las conversaciones resonantes casi siempre empiezan cuando los líderes hacen preguntas y escuchan las necesidades, esperanzas, sueños, aspiraciones y valores de las personas. Cuando los líderes aprenden a escuchar por qué las cosas le importan a su gente, pueden encontrarse con ella en un lugar de creencias comunes y aspiración. El líder capaz de hacer esto no se pregunta si su gente se sentirá inspirada por lo que dirá, pues ya sabe que hablan de los mismos valores.

¿Dónde está tu equipo?

Cuando hacemos esta pregunta estamos afinando la habilidad de nuestros líderes para ver la brecha entre la realidad de sus equipos y el lugar donde deberían estar para aprovechar su potencial. Los líderes necesitan ser capaces de diagnosticar con precisión los desafíos grupales. ¡No se trata de una visión mágica! Los líderes fuertes valoran este conocimiento y, por lo tanto, hacen el trabajo necesario para recolectarlo. Goleman escribe: «Desacelera para acelerar», haz que la gente se involucre y detecte las brechas.[6] Nosotros entrenamos a nuestros líderes para que exploren las brechas de sus equipos, tanto desde la perspectiva técnica (logística, competencias y conocimiento) como adaptativa (relaciones, emociones y creencias).

¿Dónde necesita estar tu equipo?

La pregunta «¿Dónde necesita estar tu equipo?» sirve para generar una visión clara del éxito. Los líderes necesitan este blanco para anclarse a sí mismos, en tanto que los equipos necesitan escuchar la visión de boca de sus líderes para creer que saben adónde van.

En *The Leadership Challenge*, Kouzes y Posner escriben que los «líderes ven en su mente la visión de un futuro muy atractivo, incluso antes de dar inicio a su proyecto».[7] Nosotros apoyamos a nuestros líderes para crear esta imagen nítida de tal forma que sea elocuente para ambas facetas de sus equipos, la emocional y la racional. Esto lo logramos al preguntarles:

1. ¿Cómo se percibirá el éxito? (¿Qué estará haciendo la gente?)
2. ¿Cómo se sentirá el éxito? (¿Qué emociones y pensamientos tendrá la gente todos los días?)
3. ¿De qué manera conducirán al éxito las acciones que realice tu equipo ahora? (¿Cómo les mostrarás el camino?)

Nosotros presionamos a nuestros líderes y hacemos que entre ellos también se presionen a alcanzar niveles más elevados de claridad, hasta que vemos y sentimos de primera mano los resultados que esperan. Luego los entrenamos para mantenerse anclados en su visión, a pesar del paso del tiempo, y para evitar que los distraiga el ruido de los desafíos reactivos, las presiones externas o su propia carga interior.

* * *

Las investigaciones realizadas en torno al bucle emocional nos enseñan que las emociones son contagiosas y que, de todas, las de un líder son las que se propagan con mayor facilidad.[8] Cuando los líderes pueden responder las cuatro preguntas que presentamos anteriormente, pueden encontrarse con las necesidades emocionales de sus equipos porque están sintonizados con ellos mismos y con su gente. Son líderes bien anclados en la razón por la que las cosas que les importan resuenan con pasión y determinación. Asimismo, cuando también logran articular una visión clara que satisface las necesidades racionales y emocionales de los equipos, inspiran certidumbre. Los líderes que se involucran con sus equipos encontrando la lógica de sus propias brechas consiguen construir una relación de confianza. En mi experiencia, y por todo lo que he descubierto gracias a la literatura científica, esta confianza relacional es muy cercana a lo que inspira a la gente.

Cuando los líderes hablan y actúan desde el fondo de sus creencias, de una visión clara y de una preocupación auténtica por sus equipos, generan esperanza. A su vez, la esperanza es el antídoto del miedo, es lo que permite que la gente piense de manera creativa y resuelva problemas. La gente anhela esperanza. Una vez que un líder la produce, se posiciona con determinación más allá de la necesidad de montar una actuación «inspiradora».

¿Cómo aumentar nuestra habilidad de inspirar?

Claudio Fernández-Aráoz

En 1985, cuando me ofrecieron un puesto en una agencia ejecutiva de Buenos Aires, era un individuo sumamente analítico y tímido; ni siquiera podía imaginarme estar interesado o tener lo necesario para un empleo tan prestigioso. El asesor de búsqueda, sin embargo, insistió en que antes de rechazar la oferta, participara en un viaje de cinco días —en Londres, París, Bruselas, Copenhague y Zurich— que ellos pagarían y que no implicaba ningún compromiso. Aunque a lo largo de esa semana conocí a 33 impresionantes socios, lo que cambiaría mi vida radicalmente durante los siguientes 32 años fue mi última reunión, un encuentro con Egon Zehnder, fundador de la agencia. Esta reunión me hizo cobrar conciencia del extraordinario impacto que los grandes líderes inspiradores pueden tener en nosotros, así como del increíble poder de comunicar de manera eficaz la coincidencia entre los valores personales y organizacionales.

Egon compartió conmigo su visión respecto a la selección, la promoción y el desarrollo de prominentes líderes éticos en la cima de organizaciones del sector público y privado de todo el mundo. La misión me dejó intrigado. Yo nací y fui criado en Argentina, un país que logró un desarrollo importante, pero luego tuvo un índice de pobreza por encima del 30%, a pesar de contar con la bendición de abundantes recursos naturales. Argentina era un país plagado de corrupción, inseguridad e hiperinflación; la caída fue el resultado de una administración deplorable. Por todas estas razones, la idea de luchar contra eso en verdad me inspiró.

Egon compartió de una manera apasionada su visión de promover un liderazgo ético de alto nivel y, al mismo tiempo, construir la agencia ejecutiva de mayor calidad gracias a su excelencia profesional y a su estricta ética. Al notar mi escepticismo, me transmitió intrigantes detalles respecto al revolucionario sistema de cobro y la original estrategia de colaboración interna con que fomentaba la integridad entre los profesionales.

A pesar de su elocuencia, lo que me convenció de unirme a la agencia fue el hecho de que Egon era el vivo ejemplo de lo que predicaba.

Después de introducir en Europa la búsqueda de profesionales como carrera, se dio cuenta de que el acuerdo de cobro de «porcentaje supeditado» que practicaba la empresa para la que entonces trabajaba, al igual que todos los demás en aquel tiempo, generaba una serie de perversos conflictos de interés. Los honorarios pagados por el cliente estaban supeditados a la contratación de un profesional externo y representaban un porcentaje de la compensación anual de los candidatos contratados. A menudo, este acuerdo favorecía a candidatos externos recompensados en abundancia y, para colmo, usualmente del sexo masculino, por encima de diversos candidatos internos alternativos. A pesar de ir en contra del estándar de la industria, Egon presentó un sistema de cobro con «anticipo fijo». La agencia de contratación cobraría a sus clientes una tarifa, sin importar si se decidía otorgar un ascenso a un candidato interno o si se contrataba a un candidato externo, además de que no habría relación alguna con la compensación del ejecutivo elegido. Cuando presentó sus argumentos para introducir un sistema revolucionario de cobro con anticipo fijo, le dijeron que, en principio, tenía razón, pero que el acuerdo que proponía les haría perder dinero. Y cuando insistió en que la empresa hiciera lo correcto, en ser éticos, le dijeron que estableciera su propia agencia de contratación y él contestó: «Comenzaré mañana mismo».

Años después de eso, cuando se dio cuenta de que la mejor manera de retener y motivar al mejor talento exigiría una participación económica mayor, fue generoso, renunció a la mayoría de su participación accionarial y creó una asociación igualitaria sin precedentes, en la que todos los socios poseerían la misma cantidad y tendrían derechos iguales en cuanto al voto. Asimismo, implementó un sistema de compensación con base en la titularidad, algo inusitado en aquel tiempo. En este sistema, la compensación de los asesores depende en esencia de su titularidad, así como de las ganancias internacionales de la agencia. Esto se diferencia de los otros sistemas, en los que las tarifas se basan en el desempeño individual, como en el típico sistema «cada quien lo que se merece», tan predominante entre las agencias profesionales de servicio de contratación, que tiende a fomentar la competencia internacional en lugar de la colaboración.

Las audaces acciones de Egon coincidían con sus valores. El diseño de una visión tan clara no solo les ayudó a él y a su organización a tener éxito, sino que también modificó de manera radical la vida de muchos de los colegas que formaban parte de su equipo ejecutivo. En mi modesto caso, la coincidencia con mis propios valores me ayudó a superar mi timidez. En la empresa llegué a ser uno de nuestros líderes internacionales, he pertenecido al comité ejecutivo durante más de diez años, mientras que en el exterior me convertí en un orador sobre el liderazgo con una exitosa carrera internacional.

Mi carrera como asesor de contratación ha durado más de 30 años y, a lo largo de ella, he llegado a la conclusión de que no hay un factor controlable con un mayor efecto en el valor de una organización que la elección de su líder en la cima de la jerarquía. Esto coincide con las investigaciones de la Harvard Business School y el «efecto líder», el cual ha cobrado cada vez más importancia en nuestro volátil, incierto y complejo mundo. He visto esta práctica en 42 países en los que he tenido el privilegio de practicar mi profesión.

Inspirar a los nuevos líderes en las organizaciones

El liderazgo inspirador es fundamental para el éxito personal y organizacional. Los líderes dentro de la organización pueden ver en nosotros posibilidades que jamás habríamos imaginado que poseíamos, y, no solo eso: además nos nutren con ellas.

Cuando me reuní con Egon hace 32 años, sentí que la mejor manera de apoyar a las organizaciones sería reclutando líderes de excepción desde el exterior. Hoy en día estoy convencido de que las organizaciones deberían invertir más esfuerzo en descubrir el talento oculto en su interior y enfocarse más en el potencial de dicho talento, así como en los aspectos de retención, motivación y desarrollo, en lugar de centrarse en la competencia actual o las experiencias pasadas de los candidatos. Gracias a mi experiencia personal, aprendí que, al igual que todas las otras competencias de la inteligencia emocional y social, el liderazgo inspirador es una habilidad que podemos desarrollar de manera importante tanto en nosotros mismos como en los otros.

Para ilustrar este punto, quiero presentar el caso real de una ejecutiva japonesa a la que llamaré Noriko.

El director ejecutivo de un fabricante internacional estaba preocupado por el lento avance de la práctica de «diversidad» de la empresa. Aunque creía que debía haber muchas gerentes prometedoras trabajando en ella, hasta ese momento los directores senior no habían considerado a ninguna como candidata con alto potencial. El director ejecutivo se sentía frustrado, pero dadas las limitadas interacciones que había tenido con las gerentes, no estaba seguro y no quería forzar a su equipo a identificar al talento femenino si no era necesario.

En aquel tiempo, les pidieron a mis colegas japoneses que evaluaran a diez prometedoras gerentes elegidas por Recursos Humanos y el resultado fue asombroso. Siguiendo el desarrollo correcto, la mayoría tenía suficiente potencial para aspirar a pertenecer al comité ejecutivo internacional de la empresa.

Noriko, quien era gerente junior en una oficina corporativa de planificación y tenía treinta y tantos años, era una de ellas. Era una mujer tan curiosa, reflexiva, participativa y resuelta que mis colegas japoneses estaban convencidos de que se convertiría en una líder muy eficaz, capaz de inspirar y guiar a individuos y grupos hacia una visión significativa de la excelencia y de hacer que los otros dieran lo mejor de sí.

El problema, como sucede a menudo con las mujeres profesionales, era que a Noriko no le habían dado oportunidad de liderar grupos importantes o de participar en proyectos estratégicos. ¿Cómo podría desarrollar una visión significativa si no había estado expuesta a iniciativas estratégicas de envergadura? ¿Cómo podría desarrollar la competencia del liderazgo si no había tenido la oportunidad de dirigir a otros? Noriko no estaba al tanto de su potencial ni de su yo ideal. Además, tampoco contaba con un asociado sólido en su proceso de cambio ni con el tipo adecuado de entorno para practicar nuevos comportamientos.

Cuando mis compañeros hablaron del caso de Noriko con sus jefes y les propusieron una nueva tarea para impulsar su desarrollo, la decisión fue unánime: «Sí, creemos que tiene potencial, pero todavía es gerente junior. Una misión así sería una carga demasiado grande para ella».

Al reflexionar sobre su limitada confianza en sí misma, Noriko dijo que, aunque le gustaría dirigir un equipo, no creía que pudiera hacerlo bien. Esta es una actitud común entre las mujeres profesionales y las gerentes jóvenes en Japón. Debido a sesgos personales y sociales en cuanto al género y la edad, así como a una falta de buenos modelos, tanto los jefes como los individuos se muestran renuentes a propiciar estas oportunidades.

No obstante, después de nuestra evaluación sobre el potencial de Noriko, sus jefes estuvieron por fin de acuerdo en exponerla a tareas de desarrollo mucho más ambiciosas. Ella también se sintió más confiada respecto a su capacidad de liderazgo y abierta a aceptar desafíos de mayor exigencia. El director ejecutivo decidió enviarla a una importante subsidiaria en el extranjero y ascenderla al puesto de directora local de estrategia corporativa. También la hicieron participar en un programa ejecutivo de liderazgo y el jefe de Recursos Humanos de la organización se convirtió en su mentor y la apoyó desde las oficinas en Japón.

Noriko pasó año y medio en la subsidiaria, dirigió con éxito varios proyectos estratégicos que involucraban a miembros multinacionales y mostró un excelente liderazgo de equipo. Después de esta etapa de desarrollo, el director ejecutivo la trajo de vuelta a las instalaciones en Japón y la ascendió de puesto. Noriko se convirtió en directora de Gestión de Alianzas y dirigió con éxito un importante equipo senior.

¿Quiénes son como Noriko en tu organización?

Si eres líder y tienes deseos de aumentar el liderazgo de tu equipo, deberías cobrar conciencia de que hay muchos y muchas Noriko ocultos en tu organización. Descúbrelos y guíalos de la manera adecuada a través de un proceso de desarrollo, empezando por una grandiosa e inspiradora visión de lo que su potencial les permitiría llegar a ser. Esto te ayudará a fortalecer drásticamente el desempeño de tu equipo y, al mismo tiempo, a aumentar la retención, motivación y participación de tus líderes. También se incrementarán las probabilidades de que la diversidad y la inclusión verdaderamente funcionen cuando pases de «contar a la gente» a «hacer que la gente cuente» por medio de una estrategia de involucramiento que le permita participar en tareas de desarrollo bien diseñadas, con el entrenamiento idóneo y el apoyo de la organización.

Todos tenemos un largo camino que recorrer para llegar a nuestros límites de desarrollo. Encuentra a tu propio Egon, dentro o fuera de la organización. Al combinar las mejores prácticas de desarrollo con el socio ideal para tu proceso de cambio, podrás convertirte en el líder inspirador que se supone que debes ser.

Liderazgo de sistemas como liderazgo inspirador

METTE MIRIAM BOELL

Cuando hablamos de líderes, es importante no solo referirse a «el jefe», sino a todas las personas que, en los diversos niveles, asumen la responsabilidad de su puesto, su trabajo y su vida. La primera confusión respecto al liderazgo consiste en mezclar la autoridad posicional con los actos y la capacidad de ser líder, características de la gente que está «un paso adelante» (idea relacionada con el origen etimológico de guiar) y que es buena para fomentar la colaboración necesaria para un cambio profundo y duradero, sin importar su posición en la jerarquía. Esto, por supuesto, incluye a las personas en puestos de autoridad, pero no se limita a ellas.

Nuestro trabajo en el Systems Leadership Institute se enfoca en lo que podríamos llamar los tres niveles fundamentales de una «sistematología»:

- El sistema interior y emocional individual.
- El sistema de campos relacionales entre amigos, familia, grupos y equipos.
- Los sistemas de mayores dimensiones de los que todos formamos parte y que creamos en colaboración: sistemas organizacionales, institucionales, socioculturales y ecológicos.

En mi trabajo en el sector educativo, por ejemplo, nuestro equipo trabaja con líderes estudiantiles y magisteriales, con líderes escolares o de distrito, como directores y superintendentes, y con líderes estatales.

El liderazgo de sistemas como liderazgo inspirador

La gente con la que colaboramos a menudo nos habla de las experiencias que ha tenido al trabajar en organizaciones en las que las declaraciones de la visión y la misión se encontraban «pegadas en las paredes» en todos los espacios de trabajo, pero cuyas palabras eran huecas y no estaban ancladas en un significado personal o un propósito más profundo. Para que la visión de verdad funcione como se espera, las personas que constituyen la organización o institución tienen que creer en ella de manera colectiva. Una visión compartida no la puede formular solamente el líder, tiene que crecer de forma orgánica a partir de un espacio colaborativo y ser producto del esfuerzo de los líderes de todos los niveles de la organización. ¿Cómo, por ejemplo, podría un maestro o un estudiante comprometerse, sino también ejecutar la visión de algún distante superintendente o comité que no tiene experiencia en la realidad de las aulas y las escuelas? Esta falta de visión compartida no solo genera una falta de claridad, sino que también conduce a la consecuencia involuntaria de alejar a la gente del compromiso y de las metas comunes genuinas de sus organizaciones e instituciones.

El liderazgo de sistemas tiene que ver con una reflexión de los sistemas, con ver la red interdependiente de complejidad que nos rodea permanentemente. Y aún más que eso, tiene que ver con la profunda interconexión entre todas las cosas. Ningún sistema vivo ha surgido en un vacío, todo crece a partir de un linaje de seres vivos. Ninguna molécula de agua existe de manera aislada del resto del agua en nuestro planeta. Ningún aire puede permanecer apartado de forma natural de la atmósfera. Percibir este espacio es como escuchar el silencio, exige que callemos internamente para que los líderes puedan estar presentes en la naturaleza interconectada de nuestra vida. Es por ello por lo que, para que un líder de verdad encarne su carácter, el perfeccionamiento de las competencias emocionales y sociales son tan importantes como los procesos cognitivos.

El liderazgo inspirador es un autoliderazgo

Inspirar significa «imbuir vida» en algo. Es un término que proviene del verbo latino *inspirare*. La verdadera inspiración no procede del líder individual aislado, sino de su habilidad para invitar a las personas a convertirse en líderes de su propia vida. Exige una humilde y valerosa apertura frente a lo desconocido, ya que no podemos saber qué podría surgir de un espacio colectivo y una visión en verdad compartida. Esto se encuentra más allá del control del «jefe» porque depende de un flujo constante de posibilidad. Lo que sí podemos saber gracias a este enfoque es que, una vez que haya sido formulada y establecida, la visión compartida se convierte en posesión de la gente que, a lo largo y ancho de toda la estructura jerárquica de una organización o institución, trabaja y se dirige hacia su aspiración colectiva. Y eso, en sí mismo, es infinitamente más inspirador que las ideas de cualquier persona de manera individual.

Para ser vehículos de fomento de la inspiración, las personas que ocupan puestos de poder o que tienen una autoridad formal deben aceptar cierto nivel de incertidumbre y estar dispuestas a hacerse a un lado, a dejar de estar bajo los focos de vez en cuando, para que otros integrantes de la organización suban al escenario y asuman el desafío de la maestría personal y el autoliderazgo. No se trata de falta de responsabilidad, pues los directores y gerentes continuarán controlando las tareas gerenciales. Sin embargo, el liderazgo se diferencia de la administración o gerencia en el sentido de que tiene que ver con el alfabetismo emocional y social, con la idea de una lógica compartida, y en que, como creemos, a la gran mayoría de la gente del planeta le sería posible aprender y cultivarse si le dieran el espacio necesario para hacerlo.

¿Cómo convertirse en un líder inspirador?

Matthew Lippincott

Convertirse en un líder inspirador es un proceso permanente que exige prestar atención a la autoconciencia, la autogestión, la conciencia social y el manejo de relaciones. Este es uno de los hallazgos de la investigación doctoral sobre la eficacia del liderazgo y la atención consciente que desarrollé en la Universidad de Pensilvania en 2016. En este estudio, los líderes hablaron extensamente respecto a lo que motivaba e inspiraba a sus equipos y, a su vez, describieron lo que habían comprendido respecto a cómo motivarlos de manera eficaz por medio de un proceso profundo e incluso transformador en el aspecto personal.[9]

Los participantes dijeron haber hecho un esfuerzo consciente para mostrar integridad al interactuar con otros y para ofrecerles un entrenamiento relevante y de calidad a sus equipos como muestra del compromiso que tenían con su desarrollo. También reportaron haber entendido que el liderazgo eficaz exige cierto grado de vulnerabilidad y que no solo depende de liderar a partir de indicadores de desempeño. Por ejemplo, los líderes que fueron abiertos respecto a sus sentimientos de miedo y preocupación por ciertas actividades del liderazgo afirmaron que este tipo de autenticidad tuvo un efecto positivo en el índice de participación. Por último, la mayoría de los participantes indicó que cobró conciencia del hecho de que las relaciones plenas de confianza solo surgen con el paso del tiempo y se basan en acciones consistentes y apropiadas.

Nacimiento de un líder inspirador

Raj (el nombre ha sido cambiado para esta historia) tiene una larga carrera en el liderazgo. Ha sido director ejecutivo de varias organizaciones de renombre, incluyendo una universidad estatal y una importante ciudad estadounidense. Al principio de su carrera se dio cuenta de que si invertía tiempo en el desarrollo de los empleados, podía inspirar lealtad y compromiso. Le pareció que esto no solo era beneficioso para lograr el éxito, sino también para su empleador y la gente que le reportaba de manera directa. Raj comenta haber experimentado un importante nivel de satisfacción personal gracias a este compromiso con el desarrollo de otras personas.

Las habilidades de liderazgo de Raj fueron puestas a prueba cuando asumió la responsabilidad de proveer de apoyo técnico a cientos de empleados. No tenía suficiente gente que le reportara y pudiera manejar esta carga de trabajo, pero resolvió el problema colaborando con los directores de otros departamentos para entrenar a su personal y que este pudiera proveer parte de los requerimientos de apoyo técnico. Como resultado, los departamentos se volvieron autosuficientes y pudieron resolver sus problemas con más rapidez, mientras que los empleados desarrollaron valiosas competencias nuevas. Si no hubiera generado el entusiasta apoyo de los departamentos involucrados, de los que, por cierto, ninguno estaba subordinado al suyo, Raj no habría logrado este resultado con beneficios mutuos.

Este es el ejemplo de cómo una sincera atención al desarrollo de otros permitió a Raj obtener resultados significativos. Otro de los beneficios que identificó en las primeras etapas de su carrera fue que participar y trabajar con otras personas eliminaba de su jornada laboral la carga de muchas tareas de liderazgo y, a su vez, ofrecía oportunidades para que la gente que le reportaba directamente mejorara sus competencias. Por ejemplo, fue rotando a su equipo para hacer pasar a todos por las distintas responsabilidades departamentales que, por lo general, solo llevan a cabo los líderes, entre ellas, gestión de reuniones, recolección de información sobre temas de la agenda y definición de la cultura del grupo. Buena parte de esta actividad tenía como propósito aumentar la serie de competencias de su equipo, no solo ser valiosa para él.

Los integrantes de su equipo recibieron un entrenamiento activo para expresión oral en público y desarrollo de presentaciones. Raj usó las reuniones internas como una oportunidad para ofrecer retroalimentación continua y orientada hacia una mejoría. También incorporó la práctica cotidiana de ciertos «microrituales» en el equipo, los cuales incluían una lectura asignada y diálogos entre los integrantes para comprender mejor conceptos como servicio al cliente, integridad y calidad.

Formar parte del equipo también implicaba aprender a participar en encuentros constructivos de choque respecto a las ideas. Al principio de su carrera, Raj había comprendido que ser capaz de gestionar el conflicto era esencial para el éxito porque, dado que forman parte del proceso creativo, los desacuerdos que surgen de manera natural también pueden convertirse en un obstáculo para el desempeño del equipo. El líder enseñó a las personas que le reportaban que las discusiones acaloradas eran aceptables y que, si ocurrían en el marco de un ambiente protegido, podían ser parte vital del proceso de crecimiento individual y grupal. Su lema era «Mañana todos deberíais ser mejores de lo que sois ahora», que servía para recordarle a cada integrante del personal que, en lugar de tratar de demostrar que era mejor que los otros, debía mantener la vista fija en su crecimiento personal y el éxito del equipo.

Raj también aprendió que su éxito como líder estaba ligado a un profundo compromiso con liderar de forma ejemplar. Gracias a esto, completó el mismo entrenamiento que le pidió a su equipo que tomara y discutió abiertamente las dificultades que tenía con su crecimiento personal. Descubrió que esta actividad contribuía a relaciones más sólidas y a un nivel más elevado de confianza.

De acuerdo con lo que dijo, la inversión que hizo en tratar de ser un líder inspirador condujo a un «desempeño asombroso». Una de las maneras en que eligió apoyar esta afirmación fue a través de ejemplos del éxito que tuvieron algunas personas que antes pertenecieron al equipo, pero luego buscaron nuevas y, con frecuencia, mejores oportunidades de trabajo como parte de su propio avance profesional. También midió su propio desempeño de liderazgo por medio de la retroalimentación de antiguos empleados que dijeron estar recreando, en los lugares donde trabajaban actualmente, el ambiente del equipo del que formaron parte cuando trabajaron para Raj.

Lo que Raj describió halla eco en la sabiduría que compartieron otros líderes a los que entrevisté: los líderes conscientes de sí mismos se enfocan de manera especial en la calidad de su relación con las personas que les reportan directamente. Esto incluye mostrar un interés activo en el bienestar personal y profesional de sus equipos, lo cual genera confianza y respeto. Por último, los líderes enfatizaron la importancia de mostrar vulnerabilidad para fortalecer las relaciones interpersonales y servir a sus subordinados como modelos de este comportamiento.

Conclusión

DANIEL GOLEMAN

La inspiración marca toda la diferencia. ¿Recuerdas al ejecutivo de la BBC que fue tan inepto al decirle a la gente que cerrarían su división que mandaron llamar a los agentes de seguridad para que lo sacaran de la sala de juntas? Al siguiente día, los líderes de la BBC enviaron a otro ejecutivo para que hablara con los integrantes de esa misma división, el cual empezó por decirles que él mismo era periodista. Luego hizo una reflexión sobre el hecho de que el periodismo era una profesión en la que los altibajos dependían del movimiento de la economía. Les contó que a él lo habían despedido en muchas ocasiones a lo largo de su carrera, pero que cada vez que salía de una empresa se abría una puerta en otra. El periodista les habló con tanta sinceridad y fue tan inspirador que, cuando acabó, la gente le aplaudió de pie.

Inspirar a otros por medio de la articulación de una serie de valores y objetivos compartidos ofrece al líder una de las maneras más eficaces de motivar a la gente, de crear una noción compartida de orgullo y lealtad, y de generar un estado en el que la gente quiera hacer su máximo esfuerzo. Los mejores líderes que hemos conocido tienen una gran facilidad para inspirar.

Notas

Introducción

1 McClelland, D. C., «Testing for Competence Rather than for Intelligence», *American Psychologist*, 28, 1973, pp. 1-14.

2 Goleman, D., *Emotional Intelligence: Why It Can Matter More Than IQ (10th Anniversary Edition)*, Nueva York, Bantam, 2005.

3 Emotional and Social Competency Inventory (ESCI), <http://www.haygroup.com/leadershipandtalentondemand/ourproducts/item_details.aspx?itemid=58&type=3&t=2>.

4 EI at the Heart of Performance: The Implications of our 2010 ESCI Research de Hay Group, <http://atrium>.

5 EI Research Series: The Power of EI de Korn Ferry Hay Group, 2017, <http://infokf.kornferry.com/rs/494-VUC482/images/KFHGEI%20Report%20series-5.pdf>.

6 Adkins, A.,/Gallup, «U.S. Employee Engagement Reaches Three-Year High», 9 de marzo, 2015, <http://www.gallup.com/poll/181895/employee-engagement-reaches-three-year-high.aspx>.

7 Por ejemplo, véanse: Buse, K. R. y Bilimoria, D., «Personal Vision: Enhancing Work Engagement and the Retention of Women Engineers», *Frontiers in Psychology*, 5, 2014, <https://doi.org/ 10.3389/fpsyg.2014.01400>; Mahon, E. G., Taylor, S. N. y Boyatzis, R. E., «Antecedents of Organizational Engagement: Exploring Vision, Mood and Perceived Organizational Support with Emotional Intelligence as a Moderator», *Frontiers in Psychology*, 5, 2014, <http://journal.frontiersin.org/article/10.3389/fpsyg.2014.01322/full>; Miller, S. P., «Next-Generation Leadership Development in Family Businesses: The Critical Roles of Shared Vision and Family Climate», *Frontiers in Psychology*, 5, 2014, <https://doi.org/10.3389/fpsyg.2014.01335>; Neff, J. E., «Shared Vision and Family Firm Performance», *Frontiers in Psychology*, 6, 2015, <https://doi.org/10.3389/

fpsyg.2015.00646>; Quinn, J. F., «The Affect of Vision and Compassion Upon Role Factors in Physician Leadership», *Frontiers in Psychology*, 6, 2015, <https://doi.org/10.3389/fpsyg.2015.00442>.

8 Boyatzis, R. E., Brizz, T. y Godwin, L. N., «The Effect of Religious Leaders' Emotional and Social Intelligence on Improving Parish Vibrancy», *Journal of Leadership and Organizational Studies*, 18, núm. 2, 2011, pp. 192-206, <http://blog.case.edu/think2011/05/25/leader_emotional_and _social_competencies_are_keys_for_parish_vibrancy>.

9 Hopkins, M. M., O'Neil, D. A. y Stoller, J. K., «Distinguishing Competencies of Effective Physician Leaders», *Journal of Management Development*, 34, núm. 5, 2015, pp. 566-584, <http://www.emeraldinsight.com/doi/abs/10.1108/JMD-02-2014-0021?journalCode=jmd>.

10 Pittenger, L. M., «Emotional and Social Competencies and Perceptions of the Interpersonal Environment of an Organization as Related to the Engagement of IT Professionals», *Frontiers in Psychology*, 6, 2015, <http://journal.frontiersin.org/article/10.3389/fpsyg.2015.00623/full>.

11 Miller, S., «Developing Next-Generation Leadership Talent in Family Businesses: The Family Effect», tesis electrónica o disertación, Case Western Reserve University, 2015, <https://etd.ohiolink.edu/pg_10?0::NO:10:P10_ACCESSION_NUM:case1427837349>.

12 Miao, C., Humphrey, R. H. y Qian, S., «Leader Emotional Intelligence and Subordinate Job Satisfaction: A Meta-Analysis of Main, Mediator, and Moderator Effects», *Personality and Individual Differences*, 102, 2016, pp. 13-24.

13 Joseph, D., Jin, D., Newman, D. A. y O'Boyle, E. H., «Why Does Self-Reported Emotional Intelligence Predict Job Performance? A Meta-Analytic Investigation of Mixed EI», *Journal of Applied Psychology*, 100, 2014, pp. 298-342; O'Boyle, E. H. Jr., Humphrey, Ronald H., Pollack, Jeffrey M., Hawver, Thomas H. y Story, Paul A., «The Relation Between Emotional Intelligence and Job Performance: A Meta-Analysis», *Journal of Organizational Behavior*, 32, 2011, pp. 788-818.

14 Véase <http://www.apa.org/monitor/oct05/mirror.aspx>.

15 Barsade, S. G. y Knight, A. P., «Group Affect», *Annual Review of Organizational Psychology and Organizational Behavior*, 2, abril, 2015, pp. 21-46. La presentación en video de la información de este artículo está disponible en <https://www.youtube.com/watch?v=CmVlaEz6UoQ>.

2. Autocontrol emocional

1 Goleman, D., *Focus: The Hidden Driver of Excellence*, Nueva York, Harper Collins, 2013.

2 Barsade, S. G., «The Ripple Effect: Emotional Contagion and its Influence on

Group Behavior», *Administrative Science Quarterly*, 47, núm. 4, 2002, pp. 644-675, DOI: 10.2307/3094912.

3 Rosete, D. y Ciarrochi, J., «Emotional Intelligence and Its Relationship to Workplace Performance Outcomes of Leadership Effectiveness», *Leadership & Organization Development Journal*, 26, núm. 5, 1 de julio, 2005, pp. 388-399, DOI:10.1108/01437730510607871.

4 Goleman, D., *Working with Emotional Intelligence*, Nueva York, Bantam, 1998.

5 LeDoux, J., «Rethinking the Emotional Brain», *Neuron*, 73, núm. 4, 2012, pp. 653-676, DOI: 10.1016/j.neuron.2012.02.004.

6 Schuyler, B. S. *et al.*, «Temporal Dynamics of Emotional Responding: Amygdala Recovery Predicts Emotional Traits», *Social Cognitive and Affective Neuroscience*, 2012, DOI: 10.1093/scan/nss131, <http://centerhealthyminds.org/assets/files-publications/SchuylerTemporalSCAN.pdf>.

7 De Dreu, C. K. W., West, M. A., Fischer, A. H., MacCurtain, S. y Cooper, C. L., «Origins and Consequences of Emotions in Organizational Teams», *In Emotions at Work: Theory, Research and Applications in Management*, ed. Roy L. Payne y Cary L. Cooper, Hoboken, Nueva Jersey, Wiley, 2001, pp. 199-217.

8 Fiske, S. T., *Social Beings: Core Motives in Social Psychology*, Nueva Jersey, Wiley, Hoboken, 2009.

9 Druskat, V. U. y Wolff, S. B., «The Effect of Confronting Members Who Break Norms on Team Effectiveness», *In Conflict in Organizational Groups*, ed. Kristin J. Behfar y Leigh Thompson, Evanston, Illinois, Northwestern University Press, 2007.

10 <https://psy.fsu.edu/faculty/baumeister.dp.html#>.

11 Kohlrieser, G., Goldsworthy, S. y Coombe, D., *Care to Dare: Unleashing Astonishing Performance Through Secure Base Leadership*, Hoboken, Nueva Jersey, Wiley, 2012.

12 «Una base segura es una persona, lugar, meta u objeto que provee un sentido de protección y de confort, así como una fuente de energía e inspiración para explorar, tomar riesgos y buscar el cambio». En Kohlrieser, G., Goldsworthy, S. y Coombe, D., *Care to Dare: Unleashing Astonishing Performance Through Secure Base Leadership*, Hoboken, Nueva Jersey, Wiley, 2012.

13 Carl Rogers, psicólogo humanista, que acuñó el término «consideración positiva incondicional». <https://en.wikipedia.org/wiki/Unconditional_positive_regard>.

14 Un lazo es una conexión emocional que invita a la otra persona a sentir cierta protección y seguridad, energía e inspiración. El resultado último de esta vinculación es la confianza.

15 <http://www.academyofct.org/page/FAQ>.

16 Davidson, R. J., «The Neural Circuitry of Emotion and Affective Style: Prefrontal Cortex and Amygdala Contributions», *Social Science Information*, 40, núm. 1, 2001, pp. 11-37, <http://centerhealthyminds.org/assets/files-publications/DavidsonNeuralSocial

ScienceInformation.pdf>; Davidson, R. J., «Anxiety and Affective Style: Role of Prefrontal Cortex and Amygdala», *Biol Psychiatry*, 51, 2002, pp. 68-80, <http://centerhealthyminds.org/assets/files-publications/DavidsonAnxietyBiologicalPsychiatry.pdf>; Lee, H. *et al.*, «Amygdala-prefrontal Coupling Underlies Individual Differences in Emotion Regulation», *Neuroimage*, 62, 2012, pp. 1575-1581, <http://centerhealthyminds.org/assets/files-publications/Lee Amygdala-PrefrontalNeuroImage.pdf>; Burghy, C. A. *et al.*, «Developmental Pathways to Amygdala-prefrontal Function and Internalizing Symptoms in Adolescence», *Nature Neuroscience*, 2012, <http://www.nature.com/doifinder/10.1038/nn.3257>, <http://centerhealthyminds.org/assets/files-publications/BurghyDevelopmentalNatureNeuroscience.pdf>.

17 Goleman, D., *Emotional Intelligence: Why It Can Matter More Than IQ, 10th Anniversary Edition*, Nueva York, Bantam, 2005.

18 Davidson, R. J., Putnam, K. M. y Larson, C. L., «Dysfunction in the Neural Circuitry of Emotion Regulation. A Possible Prelude to Violence», *Science*, 289, núm. 5479, 2000, pp. 591-594, DOI: 10.1126/science.289.5479.591.

19 Shackman, A. J., Sarinopoulos, I., Maxwell, J. S., Pizzagalli, D. A., Lavric, A. y Davidson, R. J., «Anxiety Selectively Disrupts Visuospatial Working Memory», *Emotion*, 6, núm. 1, 2006, pp. 40-61, DOI: 10.1037/1528-3542.6.1.40.

20 Kalin, N. H., Shelton, S. E. y Davidson, R. J., «Role of the Primate Orbitofrontal Cortex in Mediating Anxious Temperament», *Biol Psychiatry*, 62, núm. 10, 2007, pp. 1134-1139, DOI: 10.1016/j.biopsych.2007.04.004.

21 Esto tiene como base información nueva que aún no ha sido publicada.

22 Davidson, R. J. y Begley, S., *The Emotional Life of Your Brain*, Nueva York, Penguin, 2012.

3. Adaptabilidad

1 Amdurer, E., Boyatzis, R. E., Saatcioglu, A., Smith, M. L. y Taylor, S. N., «Long Term Impact of Emotional, Social and Cognitive Intelligence Competencies and GMAT on Career and Life Satisfaction and Career Success», *Frontiers in Psychology*, 5, 2014, p. 1447. <http://journal.frontiersin.org/article/10.3389/fpsyg.2014.01447>.

2 Boyatzis, R. E., Good, D. y Massa, R., «Emotional, Social, and Cognitive Intelligence and Personality as Predictors of Sales Leadership Performance», *Journal of Leadership & Organizational Studies*, 19, núm. 2, 1 de febrero de 2012, pp. 191-201, DOI: 10.1177/1548051811435793.

3 Sony, M. y Mekoth, N., «The Relationship between Emotional Intelligence, Frontline Employee Adaptability, Job Satisfaction and Job Performance», *Journal of Retailing and Consumer Services*, 30, mayo de 2016, pp. 20-32, DOI: 10.1016/j.jretconser.2015.12.003.

4 Frederick, M., Karam, E. P., Humphrey, S. E. y Mannor, M. J., «Antecedents

and Consequences of Team Leader Adaptability», sesiones de póster científico presentadas en la 24 Conferencia Anual de la Sociedad de Psicología Industrial y Organizacional (SIOP), Nueva Orleans, Luisiana, abril de 2009.

5 Kendall, L. D., «A Theory of Micro-Level Dynamic Capabilities: How Technology Leaders Innovate with Human Connection», tesis electrónica o disertación, Case Western Reserve University, 2016. <https://etd.ohiolink.edu/>.

6 Campany, N., Dubinsky, R., Druskat, V. U., Mangino, M. y Flynn, E., «What Makes Good Teams Work Better: Research-Based Strategies that Distinguish Top-Performing Cross-Functional Drug Development Teams», *Organization Development Journal*, 25, núm. 2, 2007, p. 179.

7 Druskat, V. U. y Wolff, S. B., «Building the Emotional Intelligence of Groups», *Harvard Business Review*, 79, núm. 3, 2001, pp. 80-91.

8 Fiske, S. T., *Social Beings: Core Motives in Social Psychology*, Hoboken, Nueva Jersey, John Wiley & Sons, 2009.

9 Druskat, V. U., Wolff, S. B., Messer, T., Stubbs-Koman, E. y Batista-Foguet, J., «Emotionally Competent Norms And Work Team Effectiveness», documento de trabajo, The University of New Hampshire, Durham, New Hampshire, 2017.

10 Tasa, K., Taggar, S. y Seijts, G. H., «The Development of Collective Efficacy in Teams: A Multilevel and Longitudinal Perspective», *Journal of Applied Psychology*, 92, núm. 1, 2007, p. 17.

11 Druskat, V. U. y Wheeler, J. V., «How to Lead a Self-Managing Team», *MIT Sloan Management Review*, 45, núm. 4, 2004, p. 65.

12 Campany, N., Dubinsky, R., Druskat, V. U., Mangino, M. y Flynn, E., «What Makes Good Teams Work Better: Research-Based Strategies that Distinguish Top-Performing Cross-Functional Drug Development Teams», *Organization Development Journal*, 25, núm. 2, 2007, p. 179.

13 Kahneman, D. y Tversky, A., «Prospect Theory: An Analysis of Decision Under Risk», *Econometrica*, 47, 1979, pp. 263-291; Kahneman, D., Thinking, *Fast and Slow*, Nueva York, Farrar, Straus and Giroux, 2013.

4. Orientación hacia el logro

1 Spreier, S. W., Fontaine, M. H. y Malloy, R. L., «Leadership Run Amok: The Destructive Potential of Overachievers», *Harvard Business Review*, junio de 2006, <https://hbr.org/2006/06/leadership-run-amok-the-destructive-potential-of-overachievers>.

2 Collins, C. J., Hanges, P. J. y Locke, E. A., «The Relationship of Achievement Motivation to Entrepreneurial Behavior: A Meta-Analysis», *Human Performance*, 17, núm. 1, 2004, pp. 95-117.

3 Spencer, S. y Spencer, L., *Competence at Work: Models for Superior Performance*, Nueva York, Wiley, 1992.

4 *Ibid.*

5 Duckworth, A. *et al.*, «Grit: Perseverance and Passion for Long-term Goals», *Journal of Personality and Social Psychology*, 92, núm. 6, 2007, pp. 1087-1101.

6 Davidson, R. J., «Cerebral Asymmetry, Emotion and Affective Style», *Brain Asymmetry*, eds. R. J. Davidson y K. Hugdahl, MIT Press, Cambridge, Massachusetts, 1995, pp. 361-387; Davidson, R. J., «Temperament, Affective Style and Frontal Lobe Asymmetry», *Human Behavior and the Developing Brain*, eds. G. Dawson y K. Fischer, Nueva York, Guilford Press, 1994, pp. 518-536; Davidson, R. J., «What Does the Prefrontal Cortex 'Do' In Affect: Perspectives in Frontal EEG Asymmetry Research», *Biological Psychology*, 67, 2004, pp. 219-234; Sutton, S. K. y Davidson, R. J., «Prefrontal Brain Electrical Asymmetry Predicts the Evaluation of Affective Stimuli», *Neuropsychologia*, 38, núm. 13, 2000, pp. 1723-1733; Wheeler, R. E., Davidson, R. J. y Tomarken, A. J., «Frontal Brain Asymmetry and Emotional Reactivity: A Biological Substrate of Affective Style», *Psychophysiology*, 30, 1993, pp. 82-89; Davidson, R. J., «Anterior Cerebral Asymmetry and the Nature of Emotion», *Brain and Cognition*, 20, 1992, pp. 125-151; Tomarken, A. J., Davidson, R. J., Wheeler, R. E. y Doss, R. C., «Individual Differences in Anterior Brain Asymmetry and Fundamental Dimensions of Emotion», *Journal of Personality and Social Psychology*, 62, 1992, pp. 676-687.

7 Heller, A. S. *et al.*, «The Neurodynamics of Affect in the Laboratory Predicts Persistence of Real-World Emotional Responses», *Journal of Neuroscience*, 35, núm. 29, 22 de julio de 2015, pp. 10503-10509, DOI: 10.1523/JNEUROSCI.0569-15.2015.

8 McClelland, D. C. y Boyatzis, R. E., «Leadership Motive Pattern and Long Term Success in Management», *Journal of Applied Psychology*, 67, núm. 9, 1982, pp. 737-743.

9 Druskat, V. U., «Team-Level Competencies in Superior Performing Self-Managing Teams», documento presentado en el congreso anual de la Academy of Management, Cincinnati, Ohio, agosto de 1996.

10 Druskat, V. U. y Fellows, S. B., «Achievement, Affiliation and Power in Self-Managing Work Teams: Team Motive Patterns and Team Effectiveness», trabajo presentado en la Cuarta Conferencia Interdisciplinaria de Investigación sobre Grupos y Equipos, Colorado Technical University, Colorado Springs, Colorado, julio de 2009.

11 Druskat, V. U. y Pescosolido, A. T., «The Impact of Emergent Leader Emotionally Competent Behavior on Team Trust, Communication, Engagement, and Effectiveness», *Research on Emotions in Organizations, Volume 2: Individual and Organizational Perspectives on Emotion Management and Display*, eds. W. J. Zerbe, N. M. Ashkanasy y C. E. J. Härtel, Elsevier JAI, Oxford, Reino Unido, 2006, pp. 25-55.

12 Druskat, V. U., Batista-Foguet, J. M. y Wolff, S. B., «The Influence of Team Leader Competencies on the Emergence of Emotionally Competent Team Norms», documento de trabajo, The University of New Hampshire, Durham, New Hampshire, 2017.

13 *Ibid.*

14 Wolff, S. B., *Emotional Competence Inventory (ECI): Technical Manual*, Boston, Hay Group, McClelland Center for Research and Innovation, 2006.

15 Druskat, V. U., Wolff, S. B., Messer, T. E., Stubbs-Koman, E. y Batista-Foguet, J. M., «Emotionally Competent Norms and Work Team Effectiveness», documento de trabajo, The University of New Hampshire, Durham, New Hampshire, 2017.

16 Scheff, T. J., *Emotions, the Social Bond, and Human Reality: Part/Whole Analysis*, Nueva York, Cambridge University Press, 1997.

5. Actitud positiva

1 Frederickson, B. L., «The Value of Positive Emotions», *American Scientist*, 91, 2003, pp. 330-335.

2 Barsade S. y O'Neill, O. A., «Manage Your Emotional Culture», *Harvard Business Review*, enero-febrero, 2016, pp. 58-66.

3 Barsade, S., «The Ripple Effect: Emotional Contagion and its Influence on Group Behavior», *Administrative Science Quarterly*, 47, 2002, pp. 644-675.

4 Frederickson, B. L., «Positive Emotions Broaden and Build», *Advances in Experimental Social Psychology*, 47, Elsevier, 2013, pp. 1-53. <http://linkinghub.elsevier.com/retrieve/pii/B9780124072367000012>.

5 Davidson, R. J., «Cerebral Asymmetry, Emotion and Affective Style», *Brain Asymmetry*, eds. R. J. Davidson y K. Hugdahl, Cambridge, Massachusetts, MIT Press, 1995, pp. 361-387; Davidson, R. J., «Temperament, Affective Style and Frontal Lobe Asymmetry», *Human Behavior and the Developing Brain*, eds. G. Dawson y K. Fischer, Nueva York, Guilford Press, 1994, pp. 518-536; Davidson, R. J., «What Does the Prefrontal Cortex 'Do' In Affect: Perspectives in Frontal EEG Asymmetry Research», *Biological Psychology*, 67, 2004, pp. 219-234; Sutton, S. K. y Davidson, R. J., «Prefrontal Brain Electrical Asymmetry Predicts the Evaluation of Affective Stimuli», *Neuropsychologia*, 38, núm. 13, 2000, pp. 1723-1733; Wheeler, R. E., Davidson, R. J. y Tomarken, A. J., «Frontal Brain Asymmetry and Emotional Reactivity: A Biological Substrate of Affective Style», *Psychophysiology*, 30, 1993, pp. 82-89; Davidson, R. J., «Anterior Cerebral Asymmetry and the Nature of Emotion», *Brain and Cognition*, 20, 1992, pp. 125-151; Tomarken, A. J., Davidson, R. J., Wheeler, R. E. y Doss, R. C., «Individual Differences in Anterior Brain Asymmetry and Fundamental Dimensions of Emotion», *Journal of Personality and Social Psychology*, 62, 1992, pp. 676-687.

6 Davidson, R. J. y Schuyler, B. S., «Neuroscience of Happiness», *World Happiness*, cap. 5, eds. J. F. Helliwell, R. Layard y J. Sachs, Nueva York, The Earth Institute, Columbia University, 2015, pp. 88-105.

7 Davidson, R. J. *et al.*, «Alterations in Brain and Immune Function Produced by Mindfulness Meditation», *Psychosomatic Medicine*, 65, núm. 4, julio 2003, pp. 564-70, DOI: 10.1097/01.PSY.0000077505.67574.E3.

8 Bandura, A., *Self-Efficacy: The Exercise of Control*, Nueva York, Macmillan, 1997.

9 Darley, J. M. y Fazio, R. H., «Expectancy Confirmation Processes Arising in the Social Interaction Sequence», *American Psychologist*, 35, núm. 10, 1980, pp. 867.

10 Sterling, P., «Allostasis: A Model of Predictive Regulation», *Physiology & Behavior*, 106, núm. 1, 2012, pp. 5-15; Feldman Barrett, L., «The Theory of Constructed Emotion: An Active Inference Account of Interoception and Categorization», *Social Cognitive and Affective Neuroscience*, 12, núm. 1, 2017, pp. 1-23.

11 Druskat, V. U. y Wolff, S. B., «Building the Emotional Intelligence of Groups», *Harvard Business Review*, 79, núm. 3, 2001, pp. 80-91.

12 Druskat, V. U., Wolff, S. B., Messer, T., Stubbs-Koman, E. y Batista-Foguet, J. M., «Emotionally Competent Norms and Work Team Effectiveness», documento de trabajo, University of New Hampshire, Durham, New Hampshire, 2017.

13 Forgeard, M. J. C. y Seligman, M. E. P., «Seeing the Glass Half Full: A Review of the Causes and Consequences of Optimism», *Pratiques Psychologiques. Psychologie Positive*, 18, núm. 2, junio 2012, pp. 107-20, DOI: 10.1016/j.prps.2012.02.002.

14 Carver, C. S., Scheier, M. F. y Segerstrom, S. C., «Optimism», *Clinical Psychology Review*, 30, núm. 7 noviembre 2010, pp. 879-89, DOI: 10.1016/j.cpr.2010.01.006.

6. Empatía

1 Shemueli, R. G., Dolan, S., Cerdin, J. L., «Emotional Intelligence as Predictor of Cultural Adjustment for Success in Global Assignments», *Career Development International*, 10, núm. 5, 2005, pp. 375-395.

2 Gentry, W. A., Weber, T. J. y Sadri, G., «Empathy in the Workplace: A Tool for Effective Leadership», 2016, documento oficial del Center for Creative Leadership, <https://www.ccl.org/wp-content/uploads/2015/04/EmpathyInTheWorkplace.pdf>.

3 Fan, Y. *et al.*, «Is There a Core Neural Network in Empathy? An fMRI Based Quantitative Meta- Analysis», *Neuroscience & Biobehavioral Reviews*, 35, núm. 3, enero 2011, pp. 903-11, DOI: 10.1016/j.neubiorev.2010.10.009; Walter, H., «Social Cognitive Neuroscience of Empathy: Concepts, Circuits, and Genes», *Emotion Review*, 24 de enero, 2012, DOI: 10.1177/1754073911421379.

4 Druskat, V. U., Batista-Foguet, J. M. y Wolff, S. B., «The Influence of Team Leader Competencies on the Emergence of Emotionally Competent Team Norms», University of New Hampshire, Durham, New Hampshire, 2017.

5 Druskat, V. U., Wolff, S. B., Messer, T., Stubbs-Koman, E. y Batista-Foguet, J. M.,

«Emotionally Competent Norms and Work Team Effectiveness», documento de trabajo, University of New Hampshire, Durham, New Hampshire, 2017.

6 Frazier, M. L., Fainshmidt, S., Klinger, R. L., Pezeshkan, A. y Vracheva, V., «Psychological Safety: A Meta-Analytic Review and Extension», *Personnel Psychology*, 10, 2016, pp. 113-165, DOI: 10.1111/peps.12183.

7. Conciencia organizacional

1 Battilana, J. y Casciaro, T., «The Network Secrets of Great Change Agents», *Harvard Business Review*, 1 de julio, 2013, <https://hbr.org/2013/07/the-network-secrets-of-great-change-agents>.

2 Druskat, V. U. y Wolff, S. B., «Building the Emotional Intelligence of Groups», *Harvard Business Review*, 79, núm. 3, 2001, pp. 81-90.

3 Ancona, D. G. y Caldwell, D. F., «Bridging the Boundary: External Activity and Performance in Organizational Teams», *Administrative Science Quarterly*, 1992, pp. 634-665; Marrone, J. A., Tesluk, P. E. y Carson, J. B., «A Multilevel Investigation of Antecedents and Consequences of Team Member Boundary-Spanning Behavior», *Academy of Management Journal*, 50, núm. 6, 2007, pp. 1423-1439.

4 Druskat, V. U., Wolff, S. B., Messer, T., Stubbs-Koman, E. y Batista-Foguet, J. M., «Emotionally Competent Norms and Work Team Effectiveness», documento de trabajo, University of New Hampshire, Durham, New Hampshire, 2017.

5 Ancona, D. G. y Caldwell, D. F., «Bridging the Boundary: External Activity and Performance in Organizational Teams», *Administrative Science Quarterly*, 1992, pp. 634-665.

6 Campany, N., Dubinsky, R., Druskat, V. U., Mangino, M. y Flynn, E., «What Makes Good Teams Work Better: Research-Based Strategies that Distinguish Top-Performing Cross-Functional Drug Development Teams», *Organization Development Journal*, 25, núm. 2, 2007, pp. 179-186.

8. Influencia

1 Boyatzis, R. E., Good, D. y Massa, R., «Emotional, Social, and Cognitive Intelligence and Personality as Predictors of Sales Leadership Performance», *Journal of Leadership & Organizational Studies*, 19, núm. 21 de febrero, 2012, pp. 191-201, DOI: 10.1177/1548051811435793.

2 Spencer Jr., L. M., Spencer, S. M., *Competence at Work: Models for Superior Performance*, Nueva York, Wiley, 1993.

3 Cialdini, R., *Pre-Suasion*, Nueva York, Simon & Schuster, 2016.

4 Spencer Jr., L. M., Spencer, S. M., *op. cit.*

5 Goleman, D., «What Makes a Leader?», *Harvard Business Review*, noviembre-diciembre, 1998, pp. 93-102.

6 Druskat, V. U. y Wolff, S. B., «Building the Emotional Intelligence of Groups», *Harvard Business Review*, 79, núm. 3, 2001, pp. 81-90.

7 Mathieu, J. E. y Schulze, W., «The Influence of Team Knowledge and Formal Plans on Episodic Team Process-Performance Relationships», *Academy of Management Journal*, 49, núm. 3, 2006, pp. 605-606; Hackman, J. R., *Collaborative Intelligence: Using Teams to Solve Hard Problems*, Oakland, California, Berrett-Koehler Publishers 2011.

8 Druskat, V. U., Batista-Foguet, J. M. y Wolff, S. B., «The Influence of Team Leader Competencies on the Emergence of Emotionally Competent Team Norms», documento de trabajo, University of New Hampshire, Durham, New Hampshire, 2017.

9 Wolff, S. B., Pescosolido, A. T. y Druskat, V. U., «Emotional Intelligence as the Basis of Leadership Emergence in Self-Managing Teams», *The Leadership Quarterly*, 13, núm. 5, 2002, pp. 505-522.

10 Inventario de Competencias Emocionales y Sociales (Emotional and Social Competency Inventory - ESCI), <http://www.haygroup.com/leadershipandtalentondemand/ourproducts/item_details.aspx?itemid=58&type=3&t=2>.

11 Druskat, V. U., Wolff, S. B., Messer, T., Stubbs-Koman, E. y Batista-Foguet, J. M., «Emotionally Competent Norms and Work Team Effectiveness», documento de trabajo, University of New Hampshire, Durham, New Hampshire, 2017.

12 Lippincott, M., «A Study of the Perception of the Impact of Mindfulness on Organizational Leadership Effectiveness», trabajo presentado para obtener el grado de doctor, Pennsylvania University, Filadelfia, 2016.

13 Delpit, L., *Other People's Children: Cultural Conflict in the Classroom*, WW, Nueva York, Norton and Co., 2006.

9. Entrenar y ser mentor

1 Para la lista de publicación, véase <https://weatherhead.case.edu/faculty/Richard-Boyatzis>.

2 Boyatzis, R. E., Smith, M. L. y Blaize, N., «Developing Sustainable Leaders Through Coaching and Compassion», *Academy of Management Learning & Education*, 5, núm. 1, 1 de marzo, 2006, pp. 8-24, DOI: 10.5465/AMLE.2006.20388381.

3 Jack, A. I. *et al.*, «Visioning in the Brain: An FMRI Study of Inspirational Coaching and Mentoring», *Social Neuroscience*, 8, núm. 4, julio de 2013, pp. 369-84, DOI: 10.1080/17470919.2013.808259.

4 Véase <https://www.ccl.org/blog/mentoring-matters-for-managers-infographic/>.

5 Johnston, F., «The Aesthetics of Transformational Gestalt Coaching: A Heartfelt Research Project», ensayo no publicado.

6 Heifetz, R. y Linsky, M., *Leadership on the Line: Staying Alive through the Dangers of Leading*, Boston, Massachusetts, Harvard Business School Publishing, 2002.

7 Boyatzis, R. E., «An Overview of Intentional Change from a Complexity Perspective», *Journal of Management Development*, 25, núm. 7, 2006, pp. 607-623, <https://doi.org/10.1108/02621710610678445>.
8 Smith, T., «What Is Evidence-Based Behavior Analysis?», *The Behavior Analyst*, 36, núm. 1, 2013, pp. 7-33.
9 Seligman, M. E. P., Steen, T. A., Park N. y Peterson, C., «Positive Psychology Progress: Empirical Validation of Interventions», *American Psychologist*, 60, núm. 5, julio-agosto, 2005, pp. 410-421, <http://dx.doi.org/10.103/0003-066X.60.5.410>.
10 Boyatzis, R. E., *op cit.*
11 Boyatzis, R. E. y McKee, A., *Resonant Leadership: Renewing Yourself and Connecting with Others Through Mindfulness, Hope, and Compassion*, Boston, Massachusetts, Harvard Business School Press, 2005.

10. Gestión de conflictos

1 Druskat, V. U. y Wolff, S. B., «Building the Emotional Intelligence of Groups», *Harvard Business Review*, 79, núm. 3, 2001, pp. 81-90.
2 Edmondson, A. y McLain Smith, D., «Too Hot to Handle: How to Manage Relationship Conflict», *California Management Review*, 49, núm. 1, otoño, 2006, pp. 6-31.
3 Druskat, V. U. y Wolff, S. B., *op. cit.*
4 Goleman, D., *Vital Lies, Simple Truths: The Psychology of Self-Deception*, Nueva York, Simon & Schuster, 1985.
5 Fisher, R., Ury, W. L. y Patton, B., *Getting to Yes: Negotiating Agreement Without Giving In*, Nueva York, Penguin, 2011.
6 Lippincott, M., «A Study of the Perception of the Impact of Mindfulness on Organizational Leadership Effectiveness», trabajo presentado para obtener el grado de doctor, Universidad de Pensilvania, Filadelfia, 2016.
7 Pitagorsky, G., *Managing Conflict in Projects: Applying Mindfulness and Analysis for Optimal Results*, Project Management Institute, Newtown Square, Pennsylvania, 2013.

11. Trabajo en equipo

1 Michaelsen, L. K., Watson, W. E. y Black, R. H., «A Realistic Test of Individual Versus Group Consensus Decision Making», *Journal of Applied Psychology*, 74, núm. 5, 1989, pp. 834-839, <http://dx.doi.org/10.1037/0021-9010.74.5.834>.
2 Stubbs Koman, E. y Wolff, S. B., «Emotional intelligence Competencies in the Team and Team Leader: A Multi-Level Examination of the Impact of Emotional Intelligence on Team Performance», *The Journal of Management Development*, 27, núm. 1, 2008, pp. 55-75, DOI: 10.1108/02621710810840767.

3 Druskat, V. U. y Wolff, S. B., «Building the Emotional Intelligence of Groups», *Harvard Business Review*, 79, núm. 3, 2001, pp. 81-90.

4 Boyatzis, R. E., Rochford, K. y Cavanagh, K. V., «Emotional Intelligence Competencies in Engineer's Effectiveness and Engagement», *Career Development International*, 22, núm. 1, 13 de febrero, 2017, pp. 70-86, <https://doi.org/10.1108/CDI-08-2016-0136>.

5 Druskat, V. U. y Wolff, S. B., *op. cit.*

6 Stubbs Koman, E. y Wolff, S. B., «Emotional Intelligence Competencies in the Team and Team Leader: A Multi-Level Examination of the Impact of Emotional Intelligence on Team Performance», *The Journal of Management Development*, 27, núm. 1, 2008, pp. 55-75, DOI: 10.1108/02621710810840767.

7 Druskat, V. U., Batista-Foguet, J. M. y Wolff, S. B., «The Influence of Team Leader Competencies on the Emergence of Emotionally Competent Team Norms», documento de trabajo, The University of New Hampshire, Durham, New Hampshire, 2017.

8 Goleman, D. y Boyatzis, R. E., «Social Intelligence and the Biology of Leadership», *Harvard Business Review*, 86, septiembre, 2008, pp. 74-81.

9 Williams Woolley, A., Chabris, C. F., Pentland, A., Hashmi, N. y Malone, T. W., «Evidence for a Collective Intelligence in Human Groups», *Science*, 330, 2010, pp. 686-688.

10 Edmondson, A. C., *Teaming How Organizations Learn, Innovate, and Compete in the Knowledge Economy*, Boston, Massachusetts, Jossey-Bass, 2012, p. 13.

11 Deloitte, Human Capital Trends, Deloitte University Press, Nueva York, 2016, <https://dupress.deloitte.com/dup-us- en/focus/human-capital-trends/2016.html>.

12 Edmondson, A. C., *op. cit.*

13 Makary, M. A. y Daniel, M., «Medical Error the Third Leading Cause of Death in the US», BMJ, 353, 2016, i2139.

14 Lippincott, M., «A Study of the Perception of the Impact of Mindfulness on Organizational Leadership Effectiveness», trabajo presentado para obtener el grado de doctor, Universidad de Pensilvania, Filadelfia, 2016. Analicé las transcripciones utilizando el ESCI para identificar competencias de la inteligencia emocional y social. En la investigación incluí a 42 líderes y recolecté datos de 83 organizaciones internacionales.

15 Véase <http://www.haygroup.com/en/our-services/develop/emotional-intelligence-development-program/#tpfCID0>.

16 Uhl-Bien, M., «Relational Leadership Theory: Exploring the Social Processes of Leadership and Organizing», *The Leadership Quarterly*, 17, 6, 2006, pp. 654-676; Bennis, W., «The Challenges of Leadership in The Modern World: Introduction to The Special Issue», *American Psychologist*, 62, 1, 2007, p. 2.

17 Scandura, T. A. y Schriesheim, C. A., «Leader-Member Exchange and Supervisor Career Mentoring as Complementary Constructs in Leadership Research», *Academy of Management Journal*, 37, núm. 6, 1994, pp. 1588-1602; Prati, L. M., Douglas, C., Ferris, G. R., Ammeter, A. P. y Buckley, M. R., «Emotional Intelligence, Leadership Effectiveness, and Team Outcomes», *The International Journal of Organizational Analysis*, 11, núm. 1, 2003, pp. 21-40.

18 Prati, L. M., Douglas, C., Ferris, G. R., Ammeter, A. P. y Buckley, M. R., *op. cit.*

19 Dearborn, K., «Studies in Emotional Intelligence Redefine Our Approach to Leadership Development», *Public Personnel Management*, 31, núm. 4, 2002, pp. 523-530; Druskat, V. U. y Wolff, S. B., «Building the Emotional Intelligence of Groups», *Harvard Business Review*, 79, núm. 3, 2001, pp. 80-91; Good, D. J. *et al.*, «Contemplating Mindfulness at Work: An Integrative Review», *Journal of Management*, 42, núm. 1, 2016, pp. 114-142.

20 Metiu, A. y Rothbard, N. P., «Task Bubbles, Artifacts, Shared Emotion, and Mutual Focus of Attention: A Comparative Study of the Microprocesses of Group Engagement», *Organization Science*, 24, núm. 2, 2013, pp. 455-475.

21 Cleirigh, D. O. y Greaney, J., «Mindfulness and Group Performance: An Exploratory Investigation into the Effects of Brief Mindfulness Intervention on Group Task Performance», *Mindfulness*, 3, núm. 6, 2015, pp. 601-609.

12. Liderazgo inspirador

1 Goleman, D., Boyatzis, R. E. y McKee, A., *Primal Leadership: Realizing the Power of Emotional Intelligence*, Boston, Massachusetts, Harvard Business School Press, 2002.

2 Goleman, D., *Focus: The Hidden Driver of Excellence*, Nueva York, HarperCollins, 2013.

3 Goleman, D., Boyatzis, R. E. y McKee, A., *op. cit.*; Boyatzis, R. E. y McKee, A., *Resonant Leadership: Renewing Yourself and Connecting with Others Through Mindfulness, Hope, and Compassion*, Boston, Massachusetts, Harvard Business School Press, 2005.

4 Kouzes, J. y Posner, B., *The Leadership Challenge*, San Francisco, California, Jossey-Bass Publishing, 2012.

5 Goleman, D., Boyatzis, R. E. y McKee, A., *op. cit.*

6 Kouzes, J. y Posner, B., *The Leadership Challenge*, San Francisco, California, Jossey-Bass Publishing, 2012.

7 Goleman, D., Boyatzis, R. E. y McKee, A., *op. cit.*

8 *Ibid.*

9 Lippincott, M., «A Study of the Perception of the Impact of Mindfulness on Organizational Leadership Effectiveness», trabajo presentado para obtener el grado de doctor, Universidad de Pensilvania, Filadelfia, 2016.